insel taschenbuch 4737

Vita Sackville-West

Mein Wintergarten

Vita Sackville-West, Schriftstellerin und begnadete Gärtnerin, hat nicht nur den berühmtesten Garten der Welt – Sissinghurst – geschaffen, sondern auch ihre Liebe zur Natur in ihren legendären, weil ebenso kenntnisreichen wie charmanten Gartenkolumnen festgehalten, die hier nach Jahreszeiten geordnet vorgestellt werden.

Die Gartenarbeit ist abgeschlossen, die Bäume sind kahl, der Garten liegt im Winterschlaf – scheinbar. Denn nun entfaltet sich die stille Pracht des Wintergartens. Christrosen trotzen Schnee und Frost und erblühen in Weiß und zartem Rosa, und die Hyazinthen lassen ihre dichten Trauben leuchten und verheißen den baldigen Frühling.

Victoria Mary Sackville-West (1892-1962), genannt Vita, publizierte in ihrem Leben über fünfzig Bücher. Für den *Observer* schrieb sie über 25 Jahre lang eine erfolgreiche Gartenkolumne. 1930 erwarb sie Sissinghurst Castle in Kent, wo sie zusammen mit ihrem Mann einen der schönsten Gärten der Welt entwarf und anlegte.

Im insel taschenbuch liegen von ihr außerdem vor: *Mein Frühlingsgarten* (it 4692); *Mein Garten im Sommer* (it 4713); *Mein Herbstgarten* (it 4736); *Meine Lieblingsblumen* (it 4436).

VITA SACKVILLE-WEST

Mein Wintergarten

Aus dem Englischen von Gabriele Haefs
Mit farbigen Illustrationen von
Pierre-Joseph Redouté

INSEL VERLAG

Erste Auflage 2019
insel taschenbuch 4737

Vertrieb durch den Suhrkamp Taschenbuch Verlag
Umschlag: Brian Barth
Umschlagabbildung: Pierre-Joseph Redouté,
Amaryllis Brasiliensis (Brasilianische Amaryllis), 1802-1816
Satz: Satz-Offizin Hümmer GmbH, Waldbüttelbrunn
Druck: CPI – Ebner & Spiegel, Ulm
Printed in Germany
ISBN 978-3-458-36437-5

Mein Wintergarten

DEZEMBER

Jetzt haben wir also Dezember, den *Mid-winter-monath*, wie er auf altsächsisch hieß, und wie schwer ist es, auch nur genug Blumen für einige Vasen zu erlangen. Die winterblühende Rosenkirsche, *Prunus subhirtella Autumnalis*, ist da eine große Hilfe. Ich habe in den letzten beiden Wochen immer wieder kleine Zweige abgeschnitten und sie in warmen Räumen ins Wasser gestellt, wo sich die grünen Knospen dann ganz überraschend zu den weißen, leicht duftenden Blüten öffnen, die den Frühling erwarten lassen. Die Rosenkirsche ist ein kleiner Baum, der eigentlich in jeden Garten gehört. Er braucht nicht viel Platz, und zwischen November und März kann man sich überreichlich seiner Zweige bedienen. Selbst wenn einige Knospen dem Frost zum Opfer fallen, scheint dieser tapfere kleine Bursche immer wieder neue liefern zu können.

Dann gibt es noch *Mahonia japonica*, einen stacheligen, berberitzenähnlichen Strauch mit spitzen zitronengelben Blüten, die wie Maiglöckchen riechen. Er ist keine übermäßig schöne Pflanze, keine, die wir wegen ihrer Schönheit anschaffen, uns geht es nur um die Blüten, die er uns zu dieser toten Jahreszeit schenkt, und deshalb würde ich raten, ihn in eine überzählige Ecke zu setzen, wenn möglich in den Schutz anderer Sträucher. Er gedeiht in jedem normal guten Boden und hat auch gegen ein wenig Schatten nichts einzuwenden. Vielleicht ist er Ihnen schon unter dem Namen *Berberis bealei* begegnet.

Beides sind Pflanzen, die im Freien und eigentlich in jedem

Garten stehen können. Wer jedoch ein Gewächshaus hat, das gerade genug beheizt wird, um den Frost auszusperren, sollte sich den Frauenschuh *Cypripedium insigne* zulegen. Diese Orchidee ist als Topfpflanze wirklich zu empfehlen. In einer Vase halten die Blüten sich bis zu sechs Wochen, vielleicht nicht ganz so lange in einer rußigen Stadt, aber auf jeden Fall in sauberer Umgebung. Die Gattung ist grünlich mit brauner, aufgeblasener Lippe mit gelben Streifen, außerdem gibt es viele attraktive Hybriden in anderen Farben. Es ist eine äußerst pflegeleichte Pflanze, sie ist fast unverwüstlich, solange Sie sie nicht erfrieren lassen oder zu gießen vergessen. Sie muß alle drei bis vier Jahre umgetopft werden, nehmen Sie dazu einen Kompost aus der Gärtnerei.

Die Mode, Pflanzen im Haus zu ziehen, wächst so rasch wie einige der zu diesem Zweck empfohlenen Pflanzen. Das ist verständlich. Nur wenige unter uns haben heutzutage ein beheizbares Gewächshaus, deshalb müssen wir unsere warmen Zimmer und unsere sonnigen Fensterbänke nach Kräften nutzen. Voller Neid denken wir daran zurück, wie unsere Großmütter ihre Töpfe mit duftenden Geranien über Jahre hinweg am Leben erhielten, oder an ihren geliebten Topf mit Alpenveilchen, die eigentlich nach dem ersten oder zweiten Blühen auf den Müll gehört hätten. Ich frage mich oft, wieso unsere Großmütter das so erfolgreich durchhielten, obwohl ihnen all die Hilfsmittel und Werkzeuge und guten Ratschläge fehlten, mit denen wir heute geradezu überhäuft werden.

Ich selber bin allerdings keine große Freundin von Zimmerpflanzen. Ich ziehe Zwiebeln in Torf, das tun wir schließlich alle, und ich bin dankbar für ihre aufeinanderfolgenden Geschenke, die sie getreulich von Weihnachten an bis zu dem Zeitpunkt abliefern, wenn die ersten Blumen im Garten erscheinen. Ich möchte eigentlich keine Efeuranken um meine Bücherregale winden, wie unsere skandinavischen Freunde das in Norwegen und Schweden angeblich tun; das würde mich nur daran hindern, das Buch, in dem ich gerade lesen will, herauszunehmen.

Aber es gibt doch eine kleine Zimmerpflanze, die ich allen empfehlen würde, die sich ein wenig leuchtendes Grün in einem Topf oder einem hängenden Korb wünschen. Diese Pflanze wurde zu Ehren von John Tradescant, dem Gärtner Charles I, *Tradescantia* getauft. Sie ist auch als Dreimasterblume bekannt. Ich nehme an, daß sie ihren Namen dem heftigen Wachstum ihrer Wurzeln verdankt; jeder Knoten entwickelt neue, und wenn Sie einen Stengel einige Wochen ins Wasser legen, werden Sie daran bald weiße, wurmähnliche Wurzeln entdecken.

Es ist eine sehr hübsche Pflanze mit ihren grünweißgestreiften Blättern, ich wünschte nur, ihre Liebhaber würden sie nicht »Trad« nennen. Diese Abkürzung ist genauso häßlich wie Daff für Osterglocken (Daffodils), Pollies für Polianthes, Rhodos für Rhododendron, Mums für Chrysanthemen oder Glads für Gladiolen. Die einzige Abkürzung, die mir gefällt, ist eine echt ländliche: Dandies für Löwenzahn (Dandelions). Aber diese Abkürzung stammt von einem Kind, nicht von einem Gärtner.

Ich habe mir oft überlegt, und ich glaube, ich habe es auch schon in dieser Kolumne erwähnt, daß es reizvoll sein müßte, einen Garten ganz allein mit der einheimischen Flora der Britischen Inseln zu füllen. Wir müßten jedoch genau auswählen und Streuner und Invasoren vermeiden, außerdem müßten wir uns über die nötigen Bodenverhältnisse informieren; es wäre beispielsweise absurd, Heidekraut in die Nähe von kalkliebenden Pflanzen zu setzen oder die Bewohner von Marschboden zusammen mit Büscheln von Gras- oder anderen Nelken, die uns so munter und trocken aus Rissen in unseren Klippen zuwinken. Aber wir brauchen wirklich nur auf die grundlegendsten Unterschiede zu achten.

Kein leidenschaftlicher Bewahrer unserer wilden Blumen soll jetzt aber denken, ich riete dazu, Seltenheiten zu versetzen, die schon jetzt durch die Ausweitung von Ackerland oder durch die von wohlmeinenden, aber unwissenden Amateurbotanikern angerichteten Verwüstungen in ihrer Existenz bedroht sind. Nur über meine Leiche ... Aber es ist durchaus möglich, (1) Samen zu sammeln, (2) bei einem Gärtner Einzelexemplare zu kaufen. Auf diese Weise könnte sogar die ein oder andere Art vor dem Aussterben gerettet werden. Auch die Verpflanzung in besseren Boden könnte von Vorteil für sie sein und schönere Pflanzen ergeben. Beim himmelblauen Chicorée ist das beispielsweise der Fall.

In einem so kurzen Artikel kann ich allerdings nur auf einige wilde Blumen hinweisen, die sich auch für die Zucht im Garten eignen. Die erste Reaktion mancher Leser besteht nun sicher in dem Ausruf: »Wilde Blumen? Meinen Sie etwa Unkraut?« Aber gemach: Viele wilde Blumen können wir einfach nicht als Unkraut betrachten. Kaiserkrone, Osterglocke, kleines Maiglöckchen, die gelbe Tulpe *sylvestris*, Herbstkrokus, die weinrote *Daphne mezereum* (Seidelbast), verschiedene lila oder weiße Veilchen, grüne Christrose, Gladwyn-Iris, goldene Trollblume, Sumpfdotterblume, Pfingstnelke, Süßdolde, diverse Glockenblumen, Sumpfvergißmeinnicht, Bibernellrose, manche Wolfsmilcharten, Schneeglöckchen und Märzenbecher. Und dabei fehlen noch die gesamte Primelfamilie und die Orchideen, die aber eine Verpflanzung vermutlich nicht überleben werden. Kaufen Sie sie bei einem Gärtner, wenn Sie nicht darauf verzichten wollen, aber graben Sie sie auf keinen Fall aus.

Im Vergleich mit der Pracht der Alpen, der Dolomiten, der Pyrenäen oder des Libanons können wir nur eine bescheidene kleine Auswahl produzieren, aber vielleicht ist jetzt doch schon deutlich geworden, daß ein botanischer Urlaub zumindest ein Stück Garten füllen könnte, in sicherer Entfernung zu den auserleseneren blumigen Nachbarn. Dieses Stück Garten könnte bezaubernde Erinnerungen wecken: »Weißt du noch, wie wir den walisischen Mohn entdeckt haben?« – »Ich habe die Küchenschelle aber früher gesehen als du!«

Der für den Winter zum Schlafen gebrachte Garten bietet einen angenehmen Anblick. Braune Erddecken verhüllen die verborgenen Wurzeln. Auf dem Boden ist nichts zu sehen, doch in der Tiefe bereitet sich allerlei auf den Frühling vor. Ich glaube, es lohnt sich, blühenden Sträuchern eine dicke Schicht von alten Blättern zu verpassen, statt diese allesamt wegzuharken. Eine solche Schicht schützt die Sträucher einerseits vor Frost und wird auf die Dauer zu dem wertvollen Humus, den alle Pflanzen brauchen. Es gibt natürlich Blätter und Blätter, nicht alle verrotten gleich schnell. Eiche und Buche sind die besten, um einen großen, viereckigen Haufen Lauberde zu produzieren, aber eigentlich ist jedes Blatt während der nächsten Monate als Schutzschicht über Beeten und Rabatten geeignet.

Der professionelle Gärtner wird Einwände erheben. Er wird uns erzählen, daß die Blätter bei jedem Wind »durch den ganzen Garten fliegen«. Das stimmt auch bis zu einem gewissen Punkt, aber wir können das verhindern, indem wir ein wenig Erde oder Sand auf die Blätter streuen. Manche Einwände lassen sich oft entkräften, wenn wir nur den gesunden Menschenverstand anwenden. Nur wenige Menschen sind so starrköpfig wie ein professioneller Gärtner, der gern in seinen Vorstellungen feststeckt.

November und Dezember bedeuten für Gärtner eine schwierige, leere Zeit. Wir müssen uns an die beerentragenden Pflanzen halten, von denen ich vor allem den selten verwendeten *Celastrus orbiculatus* empfehlen möchte, auch der Baumwürger genannt. Es handelt sich dabei um einen heftigen Kletterer, der sich um jeden wertlosen alten Apfel- oder Birnbaum, über ein Schuppendach oder überhaupt um alles windet, was wir für keinen anderen Zweck vorgesehen haben. Im Sommer ist er eine eher langweilige grüne Pflanze, dann fällt sie Ihnen vermutlich gar nicht weiter auf; in den Herbstmonaten Oktober und November dagegen zeigt sie ihre buttergelben Beeren, die sich sehr bald öffnen und ihre orangefarbenen Samen zeigen, bunt wie ein prächtiges Wappen, gülden und lohfarben. Im Haus macht diese Pflanze sich wunderbar an

einem Spalier vor dunkler Holztäfelung, doch auch vor einer weißgetünchten Wand kommt sie hervorragend zur Geltung.

Sie windet sich mit Leidenschaft. Sie rollt sich zu Korkenziehern auf, die sich dann nicht mehr entwirren lassen, aber das spielt keine Rolle, denn sie braucht niemals beschnitten zu werden, es sei denn, Sie wollten sie unter Kontrolle halten. Ich mußte sie bisher nur einmal von einem Baum herunterholen, in dem sie zu energisch wuchs; es war ein junger *Prunus*, der ansonsten sehr bald erstickt wäre. Wenn wir sie am Fuße eines toten oder sterbenden alten Baumes pflanzen, klettert sie in kurzer Zeit hoch und hängt in perlenbesetzten Girlanden herunter, wie Tausende von winzigen Herbstmonden, die in einer Frostnacht am östlichen Horizont aufsteigen.

In dieser bedeutenden Pflanzzeit im Jahr sollten wir auf jeden Fall an die vielen Nelken (*Dianthus*) denken, denn nur wenige Pflanzen sind bezaubernder, genügsamer oder traditioneller. In alten Küchengärten sahen wir oft lange Streifen von *Mrs. Sinkins*, die am Wegesrand wuchsen, und was könnte wünschenswerter sein als diese zerlumpte alte Dame, die der Luft ihren würzigen Duft gibt? Sie ist eine sehr alte Dame. Manche halten sie für nicht weniger als hundertvierzig Jahre alt, andere schätzen sie eher auf bloße achtzig und behaupten, sie stamme aus dem Garten eines Armenhauses in Slough. Wie immer die Wahrheit aussehen mag, *Mrs. Sinkins* ziert voller Stolz das Wappen der Gemeinde Slough, auf dem ein Schwanenschnabel sie fest im Griff hält.

Sie hat eine Tochter, *Miss Sinkins*, nicht so bekannt, dafür aber ordentlicher und züchtiger in ihrem Auftreten, eine viktorianische alte Jungfer, die Sie in den Katalogen der meisten Gärtner wohl umsonst suchen würden. In dem ganzen Stapel von Katalogen auf meinem Tisch finde ich sie nur auf einer einzigen Liste, und der Gärtner, der sie anbietet, weist darauf hin, sein Vorrat sei klein, er hoffe jedoch für das nächste Jahr auf größere Ausbeute. Machen Sie sich aber keine Sorgen, andere Familienmitglieder gibt es in Hülle und Fülle. Unsere einheimische Pfingstnelke *Dianthus caesius* duftet fast ebenso aromatisch wie *Mrs. Sinkins* und ist ebenso pflegeleicht.

Das gilt übrigens für fast alle Nelkensorten. Sie stellen nur geringe Ansprüche. Sie alle lieben die Sonne und ziehen gut entwässerten und eher sandigen Boden vor; wenn Sie ihnen noch dazu eine großzügige Portion Kalk bieten können, werden sie so glücklich sein, wie das Jahr lang ist. Das heißt, daß sie lieber in Kalkboden, in alkalireicher Erde wachsen; aber sie bestehen nicht darauf; sie sind so bescheiden, daß sie sich mit allem abfinden, nur ganz und gar wäßrig darf der Standort nicht sein. Das hassen sie, und dann rächen Sie sich an Ihnen, indem sie einfach eingehen.

Ihr einziger anderer Fehler, ein höchst liebenswerter Fehler, der ein viel zu großzügiges Wesen verrät, ist, daß sie sich in Ihren Diensten zu Tode blühen. Darauf müssen Sie achten und die Blütenfülle hart auf die graugrünen Büschel zurückschneiden, um sie vor ihrer eigenen extravaganten Freigebigkeit zu schützen.

Plötzlich und unerwartet überwältigt uns der Frost. Wir sollten uns allerdings nicht überwältigen lassen, denn wir kennen unser Klima gut genug, um die Gefahren zu begrenzen, die zwischen Sonnenuntergang und Sonnenaufgang auf uns lauern. Aber wie viele Gärtner stellen sich dieser Drohung wirklich rechtzeitig? Wie viele bedecken ihre zarten Pflanzen, ehe es zu spät ist?

Ich halte es für richtig, die Stalltür zu schließen, ehe das Pferd entwischt ist.

Diese Bemerkungen beziehen sich vor allem auf die Behandlung von Pflanzen oder Sträuchern in großen Töpfen oder hölzernen Bottichen. Viele setzen Hortensien und Fuchsien in Bottiche und wissen nicht, was sie in den schrecklichen Monaten, die jetzt vor uns liegen, damit machen sollen. Der gesunde Menschenverstand rät uns, sie nicht zu gießen, denn Wasser würde aus der Erde einen betonharten Block machen. Viel sinnvoller ist es, die Töpfe mit Stroh oder Farn warm einzuwickeln, und wenn Ihre Töpfe nicht zu groß sind, stecken Sie sie bis an die Kante in ein Aschenbett. Das hält den Frost ab, denn eine Pflanze in einem Topf ist dem Frost natürlich viel hilfloser ausgeliefert als eine im Boden. Der Pflanze im Topf fehlt der Schutz, den das tiefe Erdreich in ihrer Nähe bietet, deshalb müssen wir ihr mit einem tiefen Aschenbeet zu Hilfe kommen.

Und was sollten wir sonst noch für unsere Topfpflanzen tun? Meistens werden sie verhätschelt und verwöhnt. Das Thema ist ein viel zu weites Feld für einen so kurzen Artikel, aber ganz allgemein würde ich folgendes raten:

Topfen Sie alle Pflanzen um, deren Töpfe zu eng geworden sind, was immer der Fall ist, wenn die Wurzeln aus dem Loch unten im Topf herauswachsen.

Wenn eine Pflanze nicht umgetopft werden muß, dann sollten Sie die oberste Erdschicht wegkratzen und neue Nahrung in Form von Kompost oder Knochenmehl verabreichen. Topfpflanzen erschöpfen die Erde, in der sie gepflanzt sind, und brauchen neue Nahrung. Sie können sich selber keine beschaffen und sind deshalb auf uns, ihre Besitzer, angewiesen. Wir tragen für diese wunderschönen Schöpfungen der Natur, die auf so hilflose und bemitleidendenswerte Weise unseren Wünschen unterstellt sind, eine große Verantwortung.

Ein recht attraktiver, holziger kleiner Strauch heißt *Callicarpa bodinieri* var. *giraldii*. Vielleicht ist er nicht schrecklich aufregend, aber er bietet doch eine Abwechslung zu den häufiger auftretenden Berberitzen und Cotoneastern und bringt im November und Dezember ein wenig Farbe. Außerdem macht er sich gut in einem Glas unter einer Elektrolampe. Seine Blüten, die sich früher im Jahr einstellen, sind unscheinbar; interessanter sind die tieflila Beeren, die dicht am Stamm in Dolden wie großgeratene Liebesperlen wachsen. Ich glaube nicht, daß sie für unsere kargen oder nördlichen Gebiete zäh genug sind, doch in einer sonnigen Ecke im Süden des Wash [Arm der Nordsee zwischen Norfolk und Lincolnshire], wie es in Wetterberichten heißt, müßten sie sich gut machen; in meinem Garten haben sie im letzten Winter achtzehn Grad unter Null heil überstanden.

Bei der Schönfrucht (*Callicarpa*) müssen wir jedoch auf eines achten: Sie ist eine der geselligen Pflanzen, die die Gesellschaft von ihresgleichen brauchen, deshalb sollten Sie mindestens zwei oder drei nebeneinandersetzen, sonst müssen Sie auf die Beeren verzichten. Es geht hier nicht um männliche und weibliche Pflanzen, wie zum Beispiel beim Sanddorn, der nur in der Ehe seine orangefarbenen Früchte liefert; die Erklärung scheint ganz einfach die zu sein, daß die Schönfrucht eine unverbesserliche Partylöwin ist.

Das gilt natürlich für viele beerentragende Sträucher ebenso wie für viele Menschen.

Angeblich macht die Schönfrucht sich auch als Topfpflanze gut, dann wächst sie mit einem einzigen Stengel, an dem die Beeren sich noch dichter aneinanderdrängen. Aber auch hier brauchen Sie mehrere Töpfe, nicht bloß einen.

Ein weiterer kleiner Strauch, der im Moment sehr fröhlich aussieht, ist die Kronwicke *Coronilla Valentina* ssp. *glauca*. In meiner Verwirrung habe ich ihn in einigen Büchern nachgeschlagen und dort erfahren, daß er eigentlich zwischen April und Juni blüht. Dagegen bin ich machtlos. Ich weiß nur, daß er in meinem und im Garten eines Nachbarn während des ganzen letzten Dezembers geblüht hat. Dieser Rekord scheint ihn als Winterblüher auszuweisen. Er wirft nicht jedes Jahr seine graugrünen Blätter ab, sondern behält sie und seine leuchtend gelben, wickenähnlichen Blätter auch während der dunklen Tage. Er ist ein netter, nützlicher und munterer kleiner Strauch, vielleicht nicht zäh genug für sehr kalte Gegenden, glücklich jedoch vor einer Hausmauer in einem engen Beet in Südwest-Kent, in Sussex oder noch weiter westlich.

Es gibt eine Variante dieses Strauchs, die ich jedoch noch nie gesehen habe, wie ich zugeben muß, und die ich deshalb nicht so einfach empfehlen kann. Sie heißt *Coronilla Emerus*, und ihre Beschreibung reizt mich. Sie trägt im Juni und Juli angeblich eine Fülle von gelben und kupferroten Blüten und gilt als pflegeleichter und frostresistenter als *Coronilla Valentina* ssp. *glauca*. Ich glaube, ich werde mir ein Exemplar bestellen und sehen, was dann passiert.

In Tausenden von Häusern und überall in Großbritannien werden jetzt die Zwiebeln, die im vergangenen September so liebe- und hoffnungsvoll in mit Torf gefüllte Schalen gesetzt wurden, aus ihrem dunklen Schrank oder dem Winkel unter der Treppe herausgeholt. Schon stehen die papierweißen Narzissen und die römische Hyazinthe in voller Blüte, und ein kleiner Topf kann ein ganzes Zimmer mit Duft füllen. Die normale Hyazinthe zeigt jetzt ihre dichten Trauben, sie ist eine unbeholfene Pflanze, finde ich, oben viel zu schwer, um als elegant oder schön durchgehen zu können, wegen ihres Duftes jedoch ist sie unverzichtbar.

Kurz darauf folgen die anderen Narzissen, die wir gesetzt haben. Ich halte mich Jahr für Jahr treu an den alten *King Alfred*, an *Winter Gold*, *Carlton*, *Fortune* und *Grand Soleil d'Or*, die jetzt unter dem Namen *Sally Door* die britische Staatsbürgerschaft erlangt hat. Dieses konservative Verhalten ist vielleicht nicht besonders waghalsig, aber in diesem Jahr habe ich immerhin, wenn auch recht spät, eine Schale mit der sehr zu empfehlenden *La Riante* hinzugenommen.

Es macht solchen Spaß, zuzusehen, wie die fetten bleichen Nasen sich aus dem schokoladenbraunen Boden drängen und sie mit Finger und Daumen leicht zu kneifen, um festzustellen, ob sich die Blütenknospe schon entwickelt, um sie schließlich langsam ans Licht zu bringen, nach dem sie sich inzwischen zweifellos schon sehnen. Obwohl wir sie natürlich am liebsten zur Eile antreiben würden, müssen wir sie für einige Tage mit einer Papierserviette bedecken, sonst werden sie zu schnell grün. (Krokusse können erst im letzten Moment gezwungen werden, sonst bleiben sie blütenlos; und die kleine *Iris reticulata* scheint zwar gewaltige Fortschritte zu machen, doch sie blüht erst, wenn das alte Jahr ins neue übergegangen ist. Eine Iris läßt sich ebensowenig zwingen wie ein Krokus, ist aber eine entzückende Topfblume, die wir später im Garten auspflanzen können, wo sie dann jedes Jahr neue kleine Kolonien bildet.) Das ist eine der vielen guten Seiten an der Angewohnheit, Zwiebeln für das Haus im Winter zu ziehen; auf die Dauer erwerben wir eine Sammlung ausgewählter Arten, die wir dann im Garten in allerlei ungenutzte Ecken setzen können. Obwohl es der allgemeinen Meinung widerspricht, stelle ich doch immer wieder fest, daß die meisten im ersten Jahr nach ihrer Vertreibung aus dem Topf im Freien zu ihrer normalen Zeit doch sehr bereitwillig blühen. Sie brauchen nicht zwei Winter, um den Schock dieser Vertreibung zu überwinden, und nach dem ersten Schrecken werden sie dann voller Dankbarkeit immer stärker.

Ein Artikel, in dem ich über das Ziehen von Erdbeeren in Kübeln oder Fässern schrieb, scheint bei den Lesern des *Observer* auf einiges Interesse gestoßen zu sein. Es scheint mir eine gute Idee für jene zu sein, die nur einen kleinen Garten haben. Sie vergeuden keinen Bodenplatz und können ihre Kübel an jeden gewünschten Ort stellen, neben die Haustür oder entlang des Gartenwegs. Inzwischen habe ich mir überlegt, daß sich dieses System auch auf alpine oder andere kleine Pflanzen anwenden lassen muß, die man auf die gleiche Art in Fässer setzt, die auf Taillenhöhe durchgesägt worden sind.

Warum nicht? Es ist nicht weiter schwer, diese Idee in die Tat umzusetzen. Sie kaufen sich im nächsten Laden ein Faß und bedecken den Boden mit einer dicken Schicht Tonscherben, nachdem Sie zuerst ein oder mehrere Löcher zur Entwässerung gebohrt haben. Dann füllen Sie das Faß mit Erde und pflanzen Ihre Schätze hinein. Mit welcher Art Boden das Faß gefüllt wird, hängt von den Schätzen ab, die darin gedeihen sollen. Alpine mögen ganz allgemein einen eher sandigen Boden, der ihnen die gute offene Entwässerung liefert, die sie am Faulen hindert. Stagnierende Feuchtigkeit ist hierzulande eine viel gefährlichere Feindin als Frost oder Dürre. Sie können sandigen Boden herstellen, indem Sie eine Schubkarrenladung durchlässigen Lehm aus der oberen Bodenschicht einer alten Wiese mit scharfen kleinen Steinen füllen, wie wir sie am Straßenrand in solch verlockenden Haufen finden. Leider gehören diese Steine jedoch den Bezirksbehörden. Wenn ich nicht so unheilbar ehrlich (oder vielleicht auch feige) wäre, dann könnte ich durchaus der Versuchung erliegen und im Schutze der Dunkelheit mit Eimer und Schaufel losziehen.

Flachwachsende Pflanzen wie Steinbrech machen sich gut in einem solchen Faß; sie gleichen einem runden, silbergrauen viktorianischen Nadelkissen, das im Frühling in winzige rosa Blüten ausbricht. Die Arten *Irvingii*, *Cranbourne*, *Jenkinsiae* sind alle sehr klein, dicht und hübsch. Aber Sie können für Ihr Faß auch größeren Ehrgeiz haben und auf halber Höhe etwas anderes pflanzen. Etwas, das seitlich wächst zum

Beispiel und das kleine Wasserfälle aus Blüten bringt, kleine Niagarafälle aus Schaum, wie der Steinbrech *Tumbling Waters* – seine Blütenrosetten hängen über vierzig Zentimeter herab, sie sind sehr schön und doch sehr zart. In die seitlichen Löcher des durchgesägten Fasses würde ich *Lewisien* setzen. Lewisien sind nicht allzu pflegeleicht, vielleicht ist das der Grund, warum wir sie nur so selten sehen; aber sie sind auf jeden Fall allen Gärtnern zu empfehlen, die vor einer Herausforderung nicht zurückschrecken. Ihre Blätterrosetten und ihre rosa oder cremefarbenen Blüten, die aus Chintz gemacht sein könnten, haben ein elegantes und altmodischen Aussehen. Sie sollten im Faß seitwärts gesetzt werden, sie wachsen nämlich sehr gern aus einer mörtellosen Mauer heraus. Wir dürfen aber nicht vergessen, daß sie Kalk nicht leiden können. Gestört werden wollen sie auch nicht, am besten ziehen wir sie deshalb aus Samen.

Darf ich meine Leser an die winterblühende Rosenkirsche erinnern, an *Prunus subhirtella Autumnalis*? Ich weiß, daß ich sie schon erwähnt habe, aber das ist lange her, und im Wechsel der Jahreszeiten erinnern wir uns vor allem an die Pflanzen, die wir voller Undank in den reichen Monaten des Frühlings und des Sommers vergessen.

Es gibt eine Variante dieser Kirsche namens *rosea*, ihre Blüten sind ganz leicht rosig angehaucht. Ich ziehe die weiße vor, aber das ist schließlich Geschmackssache. Es gibt noch eine weitere winterblühende Zierkirsche, *Prunus serrulata Fudanzakura*, doch ich gebe zu, daß ich sie weder anpflanze noch kenne, und ich möchte nicht gern Pflanzen empfehlen, mit denen ich keine persönlichen Erfahrungen habe. Doch der Rat von Captain Collingwood Ingram, des »Kirsch-Ingram«, berühmt für seine japanischen Kirschen, ist gut genug für mich und sollte das für alle sein. Auch diese Kirsche hat rosa Knospen, die sich zu weißen Einzelblüten öffnen, wir können sie jederzeit zwischen November und April im Garten bewundern oder sie zur Zierde unserer Wohnungen in Vasen stellen. Ein so umgänglicher Besuch aus dem Fernen Osten sollte in unseren Gärten doch willkommen sein.

Übrigens, ich nehme doch an, daß alle, die in den trübsten Monaten Blumen im Haus haben wollen, die abgeschnittenen Zweige, wie die der winterblühenden Kirschen, in fast kochendheißes Wasser tunken? Das finden sie, salopp gesprochen, einfach toll.

Habe ich je, wenn von frühblühenden Sträuchern die Rede war, *Corylopsis pauciflora* erwähnt, die Scheinhasel? Ich glaube schon, aber es kann ja nichts schaden, noch einmal daran zu erinnern. Es handelt sich um einen kleinen Busch, der höchstens einen Meter fünfzig hoch und breit wird und an dessen blattlosen Zweigen von März bis April elegante gelbe Blüten hängen, er ist so hübsch, daß er wirklich ein Schatz ist. Das läßt sich auch für *Corylopsis spicata* sagen, der allerdings höher wird, bis zu einem Meter achtzig, und der womöglich noch frostresistenter ist. An den Boden stellen beide keine besonderen Ansprüche, sie haben es jedoch gern ein wenig windgeschützt, zum Beispiel hinter anderen windbrechenden Sträuchern.

Spatzen ... sie picken die Knospen weg, deshalb sollten Sie Ihre Sträucher im Oktober oder November mit alten Obstnetzen bedecken. In diesem Jahr sind die Spatzen zum ersten Mal aus purer Bosheit über meinen Winterblüten-Strauch hergefallen, es ist eine den Vögeln eigene Art von jugendlichem Rowdytum, hören Sie also auf meinen Rat, und dekken Sie die Knospen ab, ehe es zu spät ist.

Die Wochen zwischen dem 1. Dezember und dem 1. Januar sind vermutlich die allerschwierigsten für alle Gärtner, die um Blumen für das Haus gebeten werden. So ein armer Gärtner soll eine Folge von Sträußen und Zweigen liefern, die die Zimmer freundlicher machen, vor allem zu Weihnachten. Seine Chrysanthemen sind jetzt verblüht, und das ist nur gut so, wenn sie von der zottigen Variante waren, deren Blüte so groß ist wie das Gesicht eines englischen Schäferhundes. Die viel hübscheren koreanischen Chrysanthemen sind schon längst hinüber, falls wir sie nicht unter Glas ziehen können. Unser geplagter Gärtner muß deshalb auf die im Herbst blühende Kirsche, auf den Winterjasmin, auf *Viburnum fragrans*, den Duftschneeball, auf den beerentragenden Cotoneaster und auf die wächsernen Blütentrauben und die roten Früchte des *Arbutus unedo* (Erdbeerbaum) zurückgreifen, wenn er in weiser Voraussicht vor Jahren einen in seinem Garten gepflanzt hat. Ansonsten wird er nicht viel finden, falls nicht einige verstreute Winteriris aus ihren unordentlichen Blättern lugen.

Der besorgte Gärtner genießt mein tiefstes Mitgefühl, da ich doch selber eine besorgte Gärtnerin bin, deren Haus nach Blumen schreit, während ich keine habe. Der gute Tip für diesen Fall lautet: *Helleborus niger*, die Christrose. Falls Sie einen alten Wurzelklumpen im Garten haben, sollten Sie Teile davon ausgraben und in tiefe Töpfe setzen; bedecken sie je-

den mit einem umgestülpten Topf, stellen Sie sie für einige Wochen an eine dunkle Stelle, und warten Sie ab, was passiert. Sie werden feststellen, daß die Stiele länger werden, während die Blüten so weiß und rein sind, wie das im Freien niemals möglich wäre, nicht einmal im Schutz einer Glocke.

Ich weiß, Sie werden jetzt sagen, daß Christrosen nicht gestört werden wollen. Sie gehören zu den Pflanzen, von denen das kolportiert wird, aber ich bin nicht so sicher, ob sie das wirklich verdient haben. Wenn Sie Ihren Wurzelklumpen mit genügend Erde ausgraben, dann wird er sich widerspruchslos neu pflanzen lassen. Vielleicht liefert er im ersten Jahr nicht gerade Bestleistungen, weshalb es ratsam ist, die getopften Pflanzen nach und nach wieder im Freien anzusiedeln.

Das Beschneiden der wunderbar duftenden Winterblüte *Chimonanthus fragrans* macht mir seit vielen Jahren Sorgen, und ich nehme an, das geht auch anderen Amateurgärtnern so, die klug genug waren, sich diesen Strauch anzuschaffen. Die Ratschläge der Fachleute scheinen in der Praxis nicht zu funktionieren. Alle sind sich darüber einig, daß eine im Freien stehende Winterblüte überhaupt nicht beschnitten werden muß, aber da wir sie zumeist eine Mauer hochwachsen lassen, sollten wir uns anhören, was einige Autoritäten dazu zu sagen haben:

Beschneiden Sie die blühenden Triebe kurz nach dem Blühen so dicht am Hauptstiel wie nötig, das stärkt die neuen Zweige des Sommers, an denen im Winter die Blüten sitzen werden. – W. Arnold Forster, *Shrubs for the Milder Counties*.

Bei Mauerpflanzen sollten nach dem Blühen die älteren Triebe beschnitten werden, das tut den neuen gut. – Patrick Synge, *Flowers in Winter*.

Sie sollten sofort nach dem Blühen beschnitten werden; abgeblühte Triebe sollten glatt abgeschnitten werden, um die Entwicklung von neuem Holz anzuregen, aus denen im Winter die Blüten erwachsen. – A.W. Darnell, *Winter Blossoms from the Outdoor Garden*.

Und dann haben wir noch den großen Mr. Bean in eigener Person, dessen dreibändiges Werk *Trees and Shrubs Hardy in the British Isles* als Bibel aller Baum- und Strauchliebhaber gilt; und Mr. Bean rät uns, das Beschneiden nicht viel länger als bis zum Februar aufzuschieben, damit die neuen Triebe Zeit genug haben, um sich zu entwickeln – und davon hängt schließlich die winterliche Ausbeute an Blüten ab.

Ich habe mich ganz brav an alle diese Ratschläge gehalten, die eigentlich allesamt vorschlagen, im Februar alles bis auf das alte Holz zurückzuschneiden. Ich habe gehorsam alle abgeblühten Triebe weggeschnitten, und was war die Folge? Ich erhielt lange junge Triebe von bester Gesundheit, die aber nicht die kleinste Blüte zu verheißen schienen. Das waren die jungen Triebe, die mir im Winter Blüten bringen sollten. Aber meine Beobachtungen lassen mich jetzt annehmen, daß diese jungen Triebe nicht in diesem Januar blühen werden, sondern erst im nächsten. Die Lösung liegt also darin, zwei Büsche zu setzen, die abwechselnd blühen, in diesem Jahr der eine, im nächsten der andere.

Wie angenehm ist es doch, mitten im Winter plötzlich an den Sommer erinnert zu werden! Eigentlich mag ich keine Schmeißfliegen, aber als ich zur völlig falschen Jahreszeit eine auf meiner Fensterbank brummen hörte, erinnerte sie mich mit diesem halb schläfrigen, halb aktiven, schweren Geräusch an Bienen, das für mich einfach den Sommer ausmacht. Eine solche Kleinigkeit kann uns mit sich reißen, ob es sich nun um einen Klang, einen Geruch oder eine Berührung handelt. Ich hörte meiner Schmeißfliege zu, vergaß den Nebel, der eiskalt aus dem Tal aufstieg, öffnete ein nettes Büchlein, das mir unter anderem von den Gartenpflanzen erzählte, die die Bienen am meisten lieben, und sofort sagte der Kalender nichts mehr vom Dezember.

Das nette Büchlein stammt von einer sehr tapferen Dame, die sich ganze Hände voll von Bienen in die Strümpfe steckt, um die Wirkung der Stiche auf ihren Rheumatismus zu testen. Sie ist außerdem eine erfahrene Imkerin, die über eine eigene Immenallee oder eine ganze Folge von Bienenstöcken verfügt und deren Rat wir deshalb nicht ignorieren sollten. Ich fand es interessant, daß sie treu und brav die entzückende gelbweiße kleine Einjährige Sumpfblume *Limnanthes douglasii* ganz oben auf ihre Liste setzt, die im März oder April dort gesät werden sollte, wo sie später auch blühen soll, am besten an einer sonnigen Stelle, die sich als Einfassung oder als Bodenbedeckung eignet. Sie hält sich zu Recht sehr eng an den bekannten Entwurf eines Bienengartens, den die verstorbene Miss Eleanor Sinclair Rohde uns hinterlassen hat, und empfiehlt außerdem Ochsenzunge, Gänsekresse, Blaukissen, Zitronenminze, Vergißmeinnicht, Krokus, Traubenhyazinthen, Steinklee, Majoran, Resede, Astern, Katzenminze, Salbei,

Thymian und Goldlack. An Sträuchern rät sie zu Rosmarin, Lavendel, Cotoneaster, Berberitze und Malven und natürlich auch zu Heidekraut, wenn Sie das Glück haben, in einer Heidegegend zu wohnen. An Bäumen erwähnt sie die selbstverständlichen Arten wie alle Obstbäume, Linde, Weiß- und Rotdorn und Bergahorn.

Ich selber hasse Bienen, ein Stich reicht, um mich fast eine Woche lang unter Qualen ans Bett zu fesseln. Aber ich muß doch zugeben, daß ich eine Art romantische Liebe zu dieser selbstgenügsamen Welt aus kleinen Lebewesen hege, die ihr ganz eigenes Leben führen und trotzdem davon abhängig sind, was wir für sie anpflanzen. Wir können nicht alle weite Kleefelder anlegen, und wir können es auch nicht mit dem Honig vom Berg Hymettus in Griechenland aufnehmen, des besten Honigs sämtlicher Welten, noch besser als der Heidehonig aus dem schottischen Hochland.

Weihnachten rückt näher, und vielleicht sollte ich über Misteln und Stechpalmen schreiben, aber ich möchte lieber an den Sommer zurückdenken und einige seiner warmen Freuden zum Leben erwecken. Der November war einfach scheußlich, das Wetter ließ wirklich nichts aus: Frost, Schnee, Regen, Überschwemmung, Stürme; aber noch während dieser unangenehmen Wochen bestand eine kleine Kletterpflanze darauf, weiterzublühen, und ich möchte hiermit meine Dankbarkeit zum Ausdruck bringen. Sie hatte schon Anfang Mai zu blühen begonnen und am 1. Dezember noch immer nicht damit aufgehört.

Die Rede ist von *Abutilon megapotamicum*, der Schönmalve.

Dieser scheinbar beunruhigende Name verweist ganz einfach auf ein arabisches Wort, das mit Malven zu tun hat, einer botanischen Familie, zu der auch die uns vertraute Stockrose gehört. Mit *Megapotanicum*, »der große Fluß«, ist der brasilianische Amazonas gemeint.

Abutilon megapotanicum hat keinerlei Ähnlichkeit mit den Stockrosen, die wir aus Cottage-Gärten kennen. Er möchte an einer sonnigen Südwand wachsen dürfen; und wenn Sie zufällig eine weißgetünchte oder eine Mauer aus grauen Steinen haben, zeigt er sich besonders vorteilhaft. Er hat lange, spitze Blätter und eine seltsam geformte Blüte, dunkelrot und gelb, ein wenig wie die der Fuchsien, sie hängt an biegsamen, eleganten Zweigen. Er ist ziemlich empfindlich und mag keine Minusgrade, im Winter sollten Sie ihn also einwickeln. Aber vielleicht wissen Sie das alles ja schon.

Ich wollte hier eine Idee zur Sprache bringen, auf die ich ganz zufällig gekommen bin, wie das im Garten ja bisweilen passiert. Ich überlegte mir, wie hübsch sich *Abutilon* als Hochstämmchen machen würde. Er könnte seine Zweige dann nach unten hängen lassen, wie eine Trauerweide oder -kirsche, wenn Sie eine Stütze geben und alle seitlichen Ausläufer kurzhalten und zurückschneiden, bis Sie einen dicken, runden Kopf erhalten, der wie ein Springbrunnen während des ganzen Sommers seine roten und gelben Blüten hinaussprudeln läßt.

Gefällt Ihnen die Idee? Ich habe sie noch nicht ausprobiert, aber versuchen werde ich es auf jeden Fall. Wer allerdings ein Gewächshaus hat, so klein und unbeheizt es auch sein mag, kann einen kleinen *Abutilon* in einem großen Blumentopf durchaus bis in den Winter hinein am Blühen erhalten und zu Weihnachten ins Haus holen.

Da dieser Artikel unmittelbar vor Weihnachten erscheint, möchte ich über das für diese Zeit unangemessenste Thema schreiben, das mir überhaupt nur einfällt: über Rosen. Bis Weihnachten kann es ja noch schneien, und der bloße Gedanke an eine Rose wird uns dann erwärmen. Außerdem lassen Rosen sich jederzeit zwischen Dezember und März pflanzen, es ist also nicht zu spät, exzessive Bestellungen auf alle Pflanzengeschenkscheine aufzugeben, die Sie eventuell unter Ihren Weihnachtsgeschenken finden.

Es gibt solche und solche Rosen. Mein Rosengeschmack wird vielleicht nicht von allen geteilt, und ich fürchte, daß ich zu oft versucht habe, ihn den Lesern des *Observer* aufzudrängen. Ich weiß, daß ich einen Hang zu den großen wilden, strauchartigen Rosen habe, die sich überall breitmachen, statt mich an die kleinen adretten, harten, dichten und geizigen Zwerge zu halten, die wir Teehybriden nennen.

Was ich von den Teehybriden halten soll, weiß ich einfach nicht. Ich bin hin- und hergerissen. Gut, sie sind schön, sie sind nützlich, ich kann sie den ganzen Sommer hindurch und bis in den Herbst hinein pflücken. Ich kann noch im Dezember Schalen mit ihnen füllen, und dann entwickeln sie sogar bisweilen eine Blüte von lebhafterer Färbung und süßerem Duft. Aber aus irgendeinem Grund rühren sie nicht an mein Herz. Trotz allem habe ich in der Ecke des Küchengartens ein Dutzend gepflanzt, vor allem zum Schneiden. Und zwar *Ena Harkness*, *Ophelia*, *Etoile d'Hollande*, *Charles Mallerin*, *Christopher Stone*, *Lady Sylvia*, *Mrs. Van Rossem*, *Emma Wright*, *Crimson Glory*, *Mrs. Sam McGredy*, *The Doctor*, *McGredy's Sunset*. Ich hoffe, sie werden nicht vom Mehltau befallen, aber ich nehme an, es wird sich nicht vermeiden lassen.

Unter Fachleuten herrschen geteilte Meinungen darüber, wie mit dieser Plage umzugehen ist, die in schlimmen Fällen zu vollständiger Entlaubung führt und die Pflanze zerstört, da sie nicht mehr durch ihre Blätter atmen kann. Manche Rosenzüchter empfehlen eine dicke Schutzdecke aus frischgemähtem Rasen, aus altem Torf und Moos-Gemisch oder sogar aus Sägemehl. Noch andere setzen ihr Vertrauen in reichhaltige Ernährung, da eine gesunde, wohlgenährte Pflanze einer Infektion besser widerstehen kann. Ich muß zugeben, daß ich mit dieser Methode gute Erfahrungen gemacht habe. Es hört sich vielleicht unwissenschaftlich an, schließlich haben wir es mit einem Pilz zu tun, und eigentlich sollten Pilze zwischen starken und schwachen Pflanzen keine Unterschiede machen; aber ich bin keine wissenschaftliche Gärtnerin und kann nur von meinen Ergebnissen ausgehen. Die Folge von zwei Karrenladungen Kompost war: Zwei Sommer hindurch keinerlei Krankheitsfälle bei einigen besonders empfindlichen Rosen, nicht einmal in dem feuchten Sommer, den wir in diesem Jahr durchleiden mußten.

Ich habe schon einmal auf das maiglöckchenduftende, winterblühende Berberitzengewächs hingewiesen, das heute als *Mahonia japonica* bekannt ist. Es ist ein sehr empfehlenswerter Strauch, der keine großen Ansprüche an den Boden stellt. Er mag Lehmboden, hat aber nichts gegen einen gewissen Kalkanteil einzuwenden. Was er wirklich verabscheut, ist kalter Wind aus Norden oder Osten, und wer hätte dafür kein Verständnis? Vor uns liegen die entsetzlichen Monate, in denen Nord- und Ostwind uns wie mit Messern durchschneiden, wenn wir zittern und schaudern und nie sicher sind, ob wir uns nicht erkältet haben. Wir können ins Haus gehen und uns aufwärmen, unsere Pflanzen dagegen müssen im Kalten verharren und ihr Bestes tun, um für uns durchzuhalten. Wir sollten ihnen dankbar sein, und ich bin der maiglöckchenduftenden Mahonie dankbar, die einige Minusgrade erträgt und mir im Januar oder Februar ihre gelben Blütentrauben schenkt. Die Entdeckung dieser Pflanze auf den Chushaninseln im Jahre 1848 war damals sicher ein großes Erlebnis für den Pflanzensammler Robert Fortune. Und jetzt sehen wir seine Entdeckung überall in unseren Gärten.

Sie hat den großen Vorteil, eine immergrüne Pflanze zu sein. Ihr Nachteil ist, daß sie sich nur ungern verpflanzen läßt. Das heißt, Sie müssen sie von einem fähigen Gärtner beziehen, der sie mit genügend Erdreich um die Wurzeln auf die Reise schickt, so daß sie kaum bemerkt, daß sie ausgegraben worden ist; wenn sie sich an ihrem neuen Wohnort wohl fühlt, wird sie sich jedes Jahr mit neuen duftenden Blütendolden bei Ihnen dafür bedanken, die Sie sich ins Haus holen können.

Darf ich nun noch allen ein gesegnetes Weihnachtsfest wünschen?

Heute, am zweiten Weihnachtstag, dürfen wir anfangen, uns auf das nächste große, glückliche Kirchenfest zu freuen, auf Ostern. Wir wissen, daß die Abende langsam länger werden und daß jetzt der Augenblick gekommen ist, um die Kataloge hervorzuholen und Bestellungen aufzugeben.

Wir müssen nach vorn schauen, aber auch zurück. Wenn wir zurückblicken, fällt uns vermutlich eine häßliche kahle

Stelle ein, die sich seit November in unseren Gärten aufgetan hat. Die normalen koreanischen Chrysanthemen haben sehr gut gehalten und noch nach dem ersten Frost neue Blüten entwickelt; sie sind wirklich unbezahlbare Pflanzen, denen die Grobheit der Gewächshausungeheuer gänzlich fehlt (ich weiß, daß ich mir mit dieser Bemerkung Ärger einhandeln werde). Es gibt sie inzwischen in einer reichen Auswahl an hinreißenden Farben, in staubigem Rosa, in Farnbraun, in Ziegelrot, in Maisgelb, in Portweinrot und vielen anderen Tönen, die Sie in Gärtnereikatalogen aufgezählt finden. Jetzt sollten Sie für den Frühling bestellen, falls Sie nicht schon welche haben, die Sie vermehren möchten. In diesem Fall können Sie jederzeit bis in den März hinein Ableger von den Wurzeln nehmen und sie in sandigem Boden in Töpfe oder Kästen stecken. Sie wurzeln bereitwilliger, wenn Sie sie in ein Gewächshaus mit einer Temperatur zwischen 4 ° und 7 ° unterbringen können.

Ich wollte noch erwähnen, daß eine spätblühende Abteilung der Koreaner uns über die schwierigen Wochen des späten Novembers und Dezembers hinweghelfen kann. Sie blühen am längsten, wenn sie nicht im Freien, sondern in Töpfen oder Kästen in einem unbeheizten Gewächshaus untergebracht sind und dann im Haus als Schnittblumen dienen, also genau das, was wir uns um diese Jahreszeit wünschen. Es gibt fünf verschiedene Sorten: *Crimson Bride*, *Lilac Time*, *Primrose Fairweather*, *Red Letter Day* und *Wedding Day*. Wie der Name schon andeutet, so ist *Wedding Day* weiß und gilt als erste weiße koreanische Chrysantheme, die überhaupt auf den Markt gekommen ist.

Es gibt eine weitere koreanische Gruppe, genannt Zwerg-

oder Kissenkoreaner. Sie werden kaum jemals größer als fünfzig Zentimeter und sind damit ideale Pflanzen für Rabatten oder windige Stellen. Vom August bis in den November hinein blühen sie bereitwillig, je nachdem, welche Variante Sie nehmen, und sie weisen dieselbe wunderschöne Farbskala auf wie ihre größeren Cousinen.

Bestellen Sie Ihre koreanischen Pflanzen jetzt, dann werden sie im Frühling geliefert. Sie werden winzig und zart aussehen, aber bis zum Ende des Sommers wachsen sie zu großen Blumen heran.

Jetzt, wo niemand an harte Arbeit im Freien denken mag, scheint mir der richtige Moment gekommen zu sein, um die Herausforderung eines Herrn aus Staffordshire anzunehmen, der mich bittet, etwas zur Verteidigung der faulen Gärtner zu schreiben.

Sein Brief ist sehr witzig, er ist absolut unvertretbar und enthält doch mehrere Körnchen Wahrheit. Er mühe sich nicht ab, teilt dieser Herr mit, freue sich jedoch sehr über seinen vernachlässigten Garten. Wenn er über seinen ungemähten Rasen geht, färben die Pollen der Butterblumen seine Hosen gelb. Durch sein Fenster sieht er voller Verwunderung, daß ein einziges Samentütchen so viele Ringelblumen ergibt. Er hat weder Zeit noch Energie, um seine Kletterrosen zu beschneiden, aber er ist glücklich darüber, daß sie weiterhin blühen wie die Wilden. Seine wenigen winterharten Pflanzen, die ein Vormieter ihm hinterlassen hat, genießt er ganz einfach. Er rechnet einfach nicht damit, daß irgend etwas wächst, und er freut sich, wenn es doch der Fall ist.

Ich schnappte zuerst nach Luft, weil diese Haltung nun wirklich nicht meiner Einstellung zur Gärtnerei entspricht, aber bei genauerem Nachdenken ging mir dann auf, daß er eben doch nicht ganz unrecht hat. Es stimmt bis zu einem gewissen Punkt, daß der faule Gärtner Zeit, Frieden und Muße hat, um seinen Garten zu betrachten, während der aktive Gärtner nur seine Arbeit sieht und gar nicht zum Genießen kommt. Es stimmt auch, was der Herr jedoch nur andeutet, daß man auch die Ordnung übertreiben kann. Niemand sieht gern Nesseln, Ampfer oder Zwergholunder, aber eine gewisse Unordnung unter den Blumen ist einer zu strengen Reglementierung zweifellos vorzuziehen. Sie an Stöcken zu befestigen muß zum Beispiel mit erlesenem Taktgefühl geschehen; wir wollen keine großen Astern als aufgeweichte Masse auf dem Boden liegen sehen, aber sie sollen auch nicht an ihren Schandpfahl gebunden werden wie eine Hexe auf dem Scheiterhaufen. Was Gras betrifft, so übertrifft nichts die Schönheit einer gepflegten Rasenfläche, aber wenn eine solche Fläche nicht sehr weitläufig angelegt werden kann, dann sehe ich darauf gern einige Gänseblümchen – allerdings bitte keinen Wegerich oder Löwenzahn.

Mein fauler Gärtner hat trotzdem die lobenswerte Angewohnheit, an Winterabenden Gartenbücher zu lesen, auch wenn er durchaus nicht vorhat, ihre guten Ratschläge in die Praxis umzusetzen.

Warum wurde es als golden bezeichnet, und warum als Zweig, dieses graugrüne, mit winzigen Monden gesprenkelte Büschel? Offenbar, weil es golden wird, wenn Sie es lange genug aufbewahren, doch da wir hierzulande Misteln normalerweise mit den anderen Weihnachtsdekorationen aus dem Haus schaffen, hat ein solches Büschel nie Gelegenheit, diese andere Art von Schönheit zu entwickeln.

Für Shakespeare waren Misteln Unglücksbotinnen, doch wie alle wissen, verfügen sie auch über höchst nützliche Eigenschaften, wenn sie richtig behandelt werden. Sie können Blitz und Donnerschläge abwenden, schützen vor Magie und Hexerei, können Feuer löschen; sie können vergrabenes Gold finden, sie heilen Geschwüre und Epilepsie, sie fördern die Fruchtbarkeit von Frau und Vieh. Doch bei falscher Behandlung können sie auch Grauenhaftes anrichten. Sie könnten uns sogar den Tod bringen, wie das Baldur, dem Gott des Lichtes, widerfuhr, dessen Mutter von der Mistel nicht den Eid verlangte, ihrem Sohn nichts zu tun, denn die Mistel war ihr zum Schwören noch zu jung vorgekommen.

Es kommt also ganz offensichtlich darauf an, so schnell und so gründlich wie möglich den richtigen Umgang mit Misteln zu erlernen.

Sie dürfen sie niemals mit Eisen schneiden, sondern immer nur mit Gold. Misteln dürfen niemals den Erdboden berühren, sie müssen mit einem weißen Tuch aufgefangen werden. Das ist nicht weiter schwer, jedenfalls im Vergleich zur ersten Bedingung, denn die meisten Menschen verfügen über irgendeine Art von weißem Tuch, ein Laken oder ein großes Taschentuch, doch nur die wenigsten unter uns nennen eine goldene Sichel oder auch nur ein Messer mit einer Klinge aus purem Gold ihr eigen. Niemals dürfen Misteln in eine Vase gestellt werden, sie müssen immer befestigt werden, und nach jedem Weihnachtskuß muß der Mann eine Frucht abpflücken – übrigens keine Beere, auch wenn sie so aussieht –; wenn alle Früchte gepflückt sind, ist auch die Magie des Kusses verflogen.

Ammenmärchen? Es wäre ein gar zu kühner Versuch, so alte und weitverbreitete Vorstellungen wegdiskutieren zu wollen, die wir vom Fernsten Osten über Europa bis nach Afrika überall antreffen. Diese Überlieferungen, die in allen Ländern und allen Jahrhunderten als gleichermaßen geheimnisvoll und magisch gelten, können wir in Sir James Frazers Monumentalwerk nachlesen, das die Mistel, diese seltsame Parasitin, in seinem Titel *Der goldene Zweig* ehrt.

Ich möchte mich nun aber auf einige botanische Tatsachen konzentrieren, die Sir James Frazer nicht erwähnt, und versuchen, einige weitverbreitete Mißverständnisse über das Wesen der Mistel zu korrigieren.

Wir halten sie für eine Parasitin, aber das trifft nicht ganz zu, eigentlich ist sie nur eine Semi-Parasitin, die nicht ganz und gar von ihrem Wirt abhängig ist, sondern die aus ihren eigenen Blättern auch dem Wirt Nahrung gibt. Sie gehört zu einer außergewöhnlichen Familie, den *Loranthaceae*, die aus über fünfhundert Mitgliedern besteht, von denen nur eins ein einheimischer Brite ist – *Viscum album*, der lateinische Name für unsere englische Mistel.

Die uns bekannte Mistel wächst an manchen Bäumen und an manchen nicht. Unser schlimmster Fehler ist die Vorstellung, daß sie Eichen bevorzugt. Dort ist sie nur selten anzutreffen, weshalb die Druiden vor allem die von Eichen getragenen Misteln schätzten, sie waren selten und damit von besonderem Wert. Die Mistel zieht weichrindige Bäume vor: Apfel, Esche, Weißdorn, Birke, Pappel, Weide, Ahorn, schottische Kiefer, Bergahorn, Linde, Zeder. Wir finden sie nur selten an Birnen, Erlen oder Buchen, am seltensten aber wächst sie an Eichen.

Ein weiteres verbreitetes Mißverständnis bezieht sich auf die Vermehrung dieser seltsamen Pflanze. Oft wird angenommen, Vögel trügen ihre Samen weiter. Das ist aber nur die halbe Wahrheit. In Wirklichkeit kommt es zu einem dieser außergewöhnlich komplizierten Arrangements, die die Natur zu bevorzugen scheint: Der Vogel (zumeist die Misteldrossel) pickt die weiße Frucht ab, um an den Samen in ihrem Inneren zu gelangen, doch die klebrige Masse um die Samenkörner gefällt ihm nicht, deshalb wischt er sich den Schnabel ab, so, wie wir unsere schmutzigen Schuhe an einer Fußmatte abwischen. Auf diese Weise reibt er Samen in die Risse der Rinde, wo sie dann keimen oder auch nicht.

Das waren einige wenige Sagen und Tatsachen über diese seltsamen und übermütigen Zweige, die wir zum Weihnachtsfest irgendwo in unserem Haus aufhängen.

Ich besuchte die Weihnachtsparty eines Nachbarn, dessen Familie seit Generationen als Züchter bekannt ist und sich auf fast feudale Weise an ihren Familientraditionen orientiert. Sein Taufname, äußerst passend zu dieser Jahreszeit, ist Noël. Alles, was zu einer Cocktailparty gehört, war auf den Tischen vorhanden; mein Blick aber fiel sofort auf einen Topf mit Alpenveilchen, wie ich seit Jahren keine mehr gesehen hatte.

Diese zarten Blumen mit ihrem Duft, der an den von Waldveilchen erinnert, standen ganz für sich in einer Ecke und nahmen sich unter ihren viel auffälligeren Nachbarn so bescheiden und Jane-Austen-gleich aus. Sie waren von einer Frische und einer Unschuld, ein wenig jugendlich sahen sie aus, und sie schienen sich in der Gesellschaft von Orchideen, auserlesenen Azaleen und Gläsern voller Champagnercocktails ziemlich zu fürchten.

Es handelte sich um das kleine persische Alpenveilchen in Originalgröße, ehe es von Züchtern »veredelt« und zu seiner derzeitigen übermäßigen Größe aufgeblasen wurde. Darf ich hier einen Protest gegen die Mode, die Größe von Blumen zu übertreiben, einfügen? Größer bedeutet nicht immer besser. Diese gewaltigen Begonien, diese baumstammdicken Rittersporne, diese wischmopähnlichen Chrysanthemen, alles, was *giganteum* genannt wird – gefallen sie wirklich irgendwem, abgesehen natürlich von den Züchtern, denen sie Goldmedaillen einbringen?

Ach nein, dachte ich, als ich das kleine persische Alpenveilchen sah, weiß, mit rosa Kante, scheu, unaufdringlich, bescheiden; so liebe ich meine Blumen, nicht wie mit einem Blasebalg aufgebläht, meine Blumen sollen nicht nach dem Lob bewundernder Gaffer schreien!

Ich habe diese Blume in Persien noch nie wild wachsen sehen. Angeblich aber wächst sie auch noch auf Zypern und in Rhodos.

Ich wünschte, sie wäre leichter zu beziehen. Sie können in jedem Blumenladen große Alpenveilchen bekommen, und ich will auch kein Wort dagegen sagen. Um diese Jahreszeit sind sie eine große Hilfe, und wenn wir sie gut genug versorgen, dann sollten ihre Knollen viele Jahre überleben, sie erwachen im Juli oder August zum Leben und blühen dann

vor Weihnachten noch einmal. Sie sind zwar schön, diese großen Weihnachtsgeschenk-Alpenveilchen, aber ihnen fehlt doch der Blaumeisen-, Zaunköniginnen-, Häschenohrencharakter der kleinen persischen.

Es ist ein guter Zeitpunkt, um die Christrose zu erwähnen, *Helleborus niger*, im Niederländischen als Christkraut bezeichnet, da »es um die Geburt Unseres Herrn geblüht«. Ihre weißen Blüten zieren längst unsere Tische oder sollten das zumindest tun. Es gibt eine Variante namens *altifolius*, die aufgrund ihrer längeren Stiele angeblich vorzuziehen ist; doch sie wird oft durch ein etwas schmuddeliges Rosa entstellt, mir ist deshalb die reine, weiße lieber. Christrosen fühlen sich im Halbschatten in ziemlich feuchtem, reichem Boden wohl; sie haben nichts gegen Kalk, und sie wollen nicht gestört werden. Wenn Sie aber dennoch Wurzelklumpen umsetzen wollen, dann machen Sie das unmittelbar nach dem Blühen, was noch ein guter Grund ist, um sie jetzt zu erwähnen. Wenn sie noch alte, aktive Klumpen haben, dann sollten Sie ihnen im Februar eine nahrhafte Decke aus Kompost oder verrottetem Dung spendieren oder sie mit flüssigem Dünger gießen und sie im Sommer niemals austrocknen lassen. Ich brauche vielleicht nicht darauf hinzuweisen, daß sie durch eine Glokke beschützt werden sollten, wenn die Knospen sich öffnen, nicht, weil sie nicht winterfest wären, sondern weil die tiefwachsenden Blüten von Regen und Schlamm sonst besudelt und verdorben werden.

Die Christrose ist zwar keine Einheimische, aber sie ziert schon seit Jahrhunderten die britischen Gärten. Spenser erwähnt sie in seiner *Faerie Queene*, John Gerard beschreibt sie bereits 1508 in seinem *Herball*, wo er ein Klistier mit Christrosen als heilsame Kur für »tolle und wüthende Mannsbilder« empfiehlt. Ein solcher Absud würde sich vielleicht auch heute noch sinnvoll einsetzen lassen! Vielleicht zitierte Gerard Epiktet, der im ersten Jahrhundert n. Chr. erklärt: Je tiefer der Irre in seinen Irrsinn verstrickt sei, um so mehr Christrosen würden benötigt. Leider ist diese nützliche Pflanze nicht gerade billig, aber andererseits ist sie eine gute Investition, denn ich weiß aus eigener Erfahrung, daß sie fünfzig Jahre und mehr überleben und während dieser ganzen Zeit sogar noch stärker werden kann. Es ist möglich und auch nicht sehr schwer, sie von Samen zu ziehen, aber wenn Sie das wollen, dann sollten Sie sich frischgereiften Samen besorgen, sonst sehen Sie nach zwölf Monaten noch immer keine Anzeichen von Keimung.

Ich mag alle Christrosensorten sehr und werde das Thema noch einmal aufgreifen, um mich unseren beiden einheimischen Sorten *H. viridis* und *H. foetidus* zu widmen.

Es mag seltsam anmuten, um diese Jahreszeit über Iris zu schreiben, über diese samtwarmen Blumen, die wir mit Juni verbinden – allein schon das Wort *Juni* erwärmt mich, wenn ich es hinschreibe. Draußen ist alles trüb; das Gras sieht verhungert und schmuddelig aus, das Winterwetter schmeichelt dem Garten ebensowenig wie dem menschlichen Gesicht. Wir alle sehen bedrückt und kältestarr aus. Aber die längste Nacht und der kürzeste Tag liegen seit dem 21. Dezember hinter uns, die dunkelsten Tage sind vorbei.

Zu meinen Iris-Überlegungen hat mich ein Exemplar des Jahrbuches der britischen Iris-Gesellschaft inspiriert. Ich nehme an, daß wir alle irgendwelche Iris anpflanzen, auch wenn wir weder Fachleute noch Experten sind. Die meisten Irissorten sind ungeheuer pflegeleichte Pflanzen, die sich manche Vernachlässigung gefallen lassen und die nur wenig mehr verlangen als einen Platz an der Sonne, was eine bescheidene Forderung ist. Einen solchen Platz hätten wir schließlich alle gern. Die Iriszüchter sollten alle der Iris-Gesellschaft beitreten, denn jedes Mitglied erhält das Iris-Jahrbuch gratis.

Ich habe schon häufiger über Iris geschrieben, aber die Arten *Oncocyclus*-Iris und *Regelia*-Iris habe ich wohl noch nicht erwähnt. Ich erwähne sie auch nur zögernd, denn sie sind nicht sehr leicht zu züchten, deshalb sind die folgenden Zeilen nur für Gärtner bestimmt, die zusätzliche Mühe, und zwar nicht wenig zusätzliche Mühe, auf sich nehmen wollen. Sie sollten sie wenn möglich in einem erhöhten Beet unter einer Südwand anpflanzen, in sehr sandigen, kalkhaltigem Boden, denn sie brauchen eine gute Entwässerung. Wenn Sie eine warme, geschützte Ecke unter einer Hausmauer haben, wo sie ein kleines, erhöhtes Beet einrichten und es mit dem passenden Boden füllen können, dann sollten Sie einige Wurzelstöcke von *Iris susiana* setzen, einer schwarzweißen, sehr großen Blume, so phantastisch, daß wir unseren Augen nicht trauen. Sie wird als schwarzweiß bezeichnet, aber in Wirklichkeit ist sie grau mit tieflila Adern, das sehen wir, wenn wir sie ins Licht halten. Und dann erinnern die Adern an eine anatomische Zeichnung, oder, poetischer ausgedrückt, an ein altes Bleiglasfenster.

Setzen sie auch einige Wurzelstöcke von *I. Charon* oder

I. hoogiana oder *I. korolkowii*. Ich behaupte nicht, daß Sie mit vielen Blüten rechnen können, und warne Sie lieber gleich vor mancher Enttäuschung, aber der Stolz auf Ihre Erfolge wird das alles wieder ausgleichen. Denken Sie vor allem an folgendes: a) gute Entwässerung, b) genügend Sonne, c) im Sommer Feuchtigkeit vermeiden, indem Sie eine Glasscheibe über den schlafenden Wurzelstock legen. Diese Irissorten stammen aus Wüstengegenden, deshalb müssen wir versuchen, ihre angestammten Lebensbedingungen so weit wie möglich wiederherzustellen.

Wie kostbar sind uns doch die Blumen in der Mitte des Winters! Nicht die aus dem Gewächshaus, nicht einmal die auf künstliche Weise zum Blühen gebrachten Fliederdolden, die aus den Niederlanden stammen, wenn ich das richtig verstanden habe, sondern die wahren Kämpfer, die aus irgendeinem seltsamen Grund um diese Jahreszeit im Freien ihre Schönheit zeigen. Die Winterblüte entfaltet vor einer Mauer ihren gelben Seestern, und die verworrenen Bänder der Zaubernuß befreien sich von ihren blattlosen Zweigen. Diese beiden süßduftenden Winterblüher sollten doch ganz oben auf der Liste stehen, wenn die Pflanzengeschenkscheine eingelöst werden.

Garrya elliptica sehen wir nicht sehr oft, obwohl es hierzulande schon seit 1818 bekannt ist; es ist ein immergrüner, buschiger Strauch, der ab Dezember seine weichen, an die dreißig Zentimeter langen, graugrünen Kätzchen hängen läßt, wie Raupendolden zwischen seinen sehr dunklen Blättern. Manche finden sein Aussehen traurig, aber dieser Strauch bietet einen beeindruckenden Anblick, wenn wir nur geduldig genug warten. Er verlangt Geduld, denn er möchte nicht versetzt werden und muß deshalb sehr früh gepflanzt werden; außerdem brauchen Sie eine männliche Pflanze, sonst gibt es keine Kätzchen. Die weibliche Pflanze liefert nur schwarze Früchte. Dieser Strauch fühlt sich vor einer Nordwand wohl, wo nur wenige andere Gewächse gedeihen, und deshalb kann er dort sicher in Ruhe heranwachsen, statt anderweitig benötigten Platz zu besetzen.

Ich wünschte, die bedingt winterharten Pflanzen würden sich weniger mühsam ziehen lassen, denn zu ihnen gehören einige der schönsten: Nemesien, Petunien, Zinnien, Portulak, Kapkörbchen, Venidio-arctotis und andere Südafrikanerinnen, außerdem die Lobelien, die an der richtigen Stelle, wo sie aber leider nur selten anzutreffen sind, eine so wunderschöne Wirkung haben können. Die kurze und grelle Farbenpracht, die die bedingt Winterharten entfalten, belebt den Sommergarten, aber wenn Sie nicht die Möglichkeit haben, sie zunächst an einer warmen Stelle aufzubewahren, also in einem beheizten Gewächshaus, und danach die Muße, sie in Samenkästchen zu setzen, sie dann zum Abhärten in einen Rahmen zu pflanzen und sie schließlich immer wieder zu besuchen, während sie aufs Auspflanzen warten – nun, dann müssen Sie auf die bedingt Winterharten verzichten.

Natürlich können sie Mitte Mai sofort im Freien gesät werden, wenn es Sie nicht stört, daß sie dann um einiges später blühen.

Die winterfesten Einjährigen hingegen brauchen nicht dermaßen verhätschelt zu werden. Sie können im März oder April gleich dort gesät werden, wo Sie sie behalten wollen; sie verlangen dann nur energisches, strenges Ausdünnen der Setzlinge, wenn sie durch die Erdkruste lugen. Das hört sich sehr einfach an, so, als könnten Sie einfach eine Tüte Samen kaufen und sie in Kreisen oder Furchen oder Vierecken säen und sie dann ihrem Schicksal überlassen. Glauben Sie das ja nicht! Jeder Setzling verlangt vom Setzenden Zuwendung, und für den Umgang mit winterharten Einjährigen möchte ich drei Kardinalregeln aufstellen. Erstens, lockern Sie den Boden zu einer leichten, krümeligen Erde auf, geben Sie, wenn nötig, Sand hinzu. Zweitens, säen Sie sehr weit auseinander. Drittens, dünnen Sie erbarmungslos aus, Einjährige brauchen Platz, wenn sie sich entwickeln sollen. Weitere Vorsichtsmaßnahmen, wie die Fernhaltung von Schnecken, können dem gesunden Menschenverstand überlassen werden, und daß die kleinen Pflanzen nicht austrocknen dürfen, ist auch selbstverständlich, außerdem eine Gefahr, die ihnen im April oder Mai kaum droht.

Farbige Blätter sind um diese Jahreszeit nützlich, sie lassen den Garten ein wenig interessanter aussehen, und wir können sie auch ins Haus holen. Die wappenförmigen Blätter der Elfenblume, *Epimedium*, von denen einige grün bleiben, während andere bronzebraun oder grünbraun werden, sehen zusammen mit weißen Christrosen sehr hübsch aus; außerdem machen sich Elfenblumen im Garten auch als flache Bodenbedeckung nützlich, die im Halbschatten gut gedeiht. An den Boden stellen sie keine besonderen Ansprüche, Lehm mit einer Schaufel Torf ist ihnen besonders lieb. Ich habe außerdem festgestellt, daß die verbreitetste aller Mahonien, *Mahonia aquifolium*, die oft im Wald als Deckung für Fasane gepflanzt wird, sich im Moment wirklich bezahlt macht. Füllen Sie eine flache Schale mit ihren rötlichen, stacheligen Blättern, und stecken Sie alles dazwischen, was Sie gerade finden – vereinzelte Polianthes, einen Zweig Schneeball oder Zaubernuß, dann, etwas später, ein wenig gelben Eisenhut. Es ist eine Pflanze für rauhe Ecken, wo sie vergessen werden kann, bis sie gebraucht wird. Sie kann ziemlich viel Schatten vertragen und wächst deshalb so ungefähr überall.

Was wächst in Gartentrögen? Wir können darüber keine Gesetze erlassen, sondern nur Vorschläge machen. Sie wünschen sich vielleicht eine bunte Mischung, vielleicht möchten Sie sich auch an eine Familie halten, wie an die Steinbrechgewächse, die irgendwann eine dichte silbrige Matte bilden, zu allen Jahreszeiten schön, aber geradezu lieblich ist, wenn sie mit ihren winzigen rosa, gelben, weißen oder roten Blüten besetzt ist. Eine vollständige Liste aufzustellen ist unmöglich, deshalb rate ich, Ihre Wahl in einer Gärtnerei zu treffen, wo sie zumeist in kleinen Töpfen gezogen werden, die Sie zur Blütezeit mitnehmen und sofort auspflanzen können. Sie sollten daran denken, daß fast alle Steinbrechgewächse alkalischen Boden benötigen.

Die Fette Henne ist vielleicht die pflegeleichteste Bewohnerin unseres Gartentroges. Sie ist so gut wie unverwüstlich und könnte sich für ein am Garten interessiertes Kind eignen, das einen eigenen Kübel anlegen darf. Die symmetrischen Rosetten der Fetten Henne sind witzig und attraktiv.

Wenn Ihnen andererseits eine bunte Mischung lieber ist, die Ihnen durch Frühling und Sommer hindurch erhalten bleibt, bei der es immer etwas Neues zu sehen gibt, etwas, das immer einen neuen und frischen Anblick gibt, dann rate ich Ihnen abermals, sich in einer Gärtnerei umzusehen. Es gibt Dutzende von kleinen, zähen Geschöpfen, sie bilden Teppiche wie das Schleierkraut *Gypsophila repens* oder *Raoulia australis*, Büschel wie die kleine Grasnelke *Armeria caespitosa*, und einige der kleineren Federnelken und Veilchen. Sie haben die freie Auswahl, und vergessen Sie nicht, daß Sie überall kleine Zwiebeln dazwischen setzen können, die dann irgendwann zur Blüte kommen, wodurch die zur Verfügung stehende Fläche sich verdoppelt, ohne daß ihre Bewohner darunter Schaden leiden. Vor allem eignen sich die Zwiebeln von Krokus, Tulpen, Narzissen und Iris.

Ein solcher Garten im Garten macht sehr viel Freude. Wir können nach Herzenslust damit experimentieren und unserer Phantasie freien Lauf lassen. Mit ein bißchen Geld ist ein Kübel bepflanzt, und wenn eine Pflanze eingeht, ist sie leicht zu ersetzen. Der Einwand, daß das Geld auch für den Erwerb von Trog oder Sinkkasten reichen muß, ist allerdings korrekt; ein Trog aus Cotswolds-Stein kann leicht vier oder fünf Pfund kosten, und dann muß er auch noch transportiert werden. Aber jeder halbwegs geschickte Mensch kann aus alten Ziegeln oder allerlei Steinen vor der Hausmauer einen vielleicht einen Meter hohen Behälter bauen, und schon haben Sie Ihren Trog zum Experimentieren.

Noch ein guter Rat: Ich lasse zwischen der Hausmauer und dem Kübel ein bißchen Platz, sonst wird die Hausmauer auf die Dauer feucht.

Ach du meine Güte, das sage ich oft zu mir selber, wenn ich mich an meinen wöchentlichen Artikel setze, was schreibe ich doch nur für eine dünne Suppe – und dann schäme ich mich manchmal, weil ich nichts Nahrhafteres zu bieten habe. Ich wünschte, alle meine Artikel wären so reich und köstlich und von so prangender Pracht wie die Geschenke, die am heutigen Tag die Heiligen Drei Könige gebracht haben. Und bei einem so umfassenden Thema wie den Blumen einer ganzen weiten Welt sollte ich doch einen Wandteppich weben können, der dieser Schöpfung würdig ist.

Doch die Wahrheit ist, an diesem ersten Sonntag im Jahr denke ich nur an die düstere Konifere.

Manche mögen Koniferen. Ich mag sie nicht, wenn ich ehrlich sein soll. Das klingt vielleicht oberflächlich. Niemand kann so töricht sein, die weiten, dunklen, wohltätigen Arme von *Pinus insignis* nicht zu bewundern, die schottische Kiefer, deren Stamm den Sonnenuntergang einfängt; die italienische Zypresse oder das hohe Ausrufezeichen des *Libocedrus decurrens*, um nur einige zu erwähnen. Ich muß auch zugeben, daß Koniferen in einem Garten effektive Kontraste bilden und von architektonischem Wert sind, wenn sie an der richtigen Stelle stehen, aber dazu gehört ein großer Garten, und außerdem ein alter Garten, in dem sie während vieler Jahre zu würdevoller Reife gelangen durften. Ich wollte sagen, daß ich keine verstaubten, angerosteten Exemplare von sagen wir *Thuja* mag, die ohne Sinn und Zweck mitten auf einem Rasen stehen, obwohl der Rasen viel glücklicher aussähe, wenn man ihn friedvoll sich selbst überlassen hätte.

Und ich weiß noch immer nicht, was ich von diesen kleinen, düsteren Obelisken halten soll, die manche Leute in ihrem Steingarten schätzen. Ich nehme an, es läßt sich manches zugunsten des Wacholders *Juniperus communis Compressa* sagen, der zu Lebzeiten seines Pflanzers kaum mehr als fünfzig Zentimeter hoch werden wird, aber erinnert er denn nicht doch zu sehr an die mit künstlichen Mitteln klein gehaltenen Bäume, die die Japaner so lieben? In Japan machen sie sich vielleicht gar nicht so schlecht, bei uns aber kommen sie mir fehl am Platze vor, schließlich sind wir Bäume gewohnt, die uns alle um einiges überragen.

Bäume sollten edel sein. Selbst der irische Wacholder

J. communis Hibernica zeigt schon längst, ehe er seine volle Höhe von mehr als sechs Metern erreicht hat, in seiner schlanken Haltung jugendliche Würde. Überhaupt läßt sich über Wacholder manches Gute sagen, ob wir nun die schwärzlichgrauen oder die bläulich-grauen Sorten vorziehen, die in bestimmtem Licht graugrün aussehen wie eine Felsenlache; und wer in seinem Garten Kalkboden hat, weiß sicher zu schätzen, daß diese Wacholdersorten nicht nur nichts dagegen haben, sondern Kalkboden geradezu lieben.

Ich habe, so kommt es mir jedenfalls vor, eine Unmenge von Artikeln über säure- und alkalihaltige Böden geschrieben. Vielleicht habe ich des Guten zuviel getan, aber es ist eben doch ein wichtiges Thema, denn es gibt nur wenig, das für das Wohlbefinden einer Pflanze wichtiger ist als der Boden, in dem sie leben muß. Ich könnte eine lange, traurige Geschichte über Pflanzen erzählen, die ich verloren habe, durch Vernachlässigung, Vergeßlichkeit, weil ich sie nicht richtig befestigt hatte und der Wind sie deshalb entwurzeln konnte, durch Trockenheit sogar in den Herbstmonaten Oktober und November, wo wir doch damit rechnen können, daß der Regen nur so vom Himmel strömt.

Aber nun wurde ich brieflich um einen Artikel über Gärten mit Lehmboden gebeten, was sicher ein Problem ist, mit dem viele umzugehen haben. Ich stand im ersten Garten, den ich jemals hatte, fünfzehn Jahre lang vor diesem Problem, deshalb lernte ich sehr viel darüber, und es waren bittere Lektionen. Ich möchte ganz ehrlich sein: Es ist ein harter, plagsamer (man kann es nicht besser ausdrücken), tückischer und undankbarer Boden, der vielleicht fünf Tage im Jahr bearbeitet werden kann, an den restlichen dreihundertsechzig dagegen trifft die Lexikondefinition zu: »Lehm ist eine zähe, formbare Masse; wenn sie getrocknet wird, wird sie hart und läßt sich zu Ziegeln, Fliesen usw. verarbeiten.« Bildhauern und Baumeistern ist das sicher nur recht so, der Gärtner aber sieht es anders. Lehmboden ist entweder so klebrig, daß er sich nicht umgraben läßt, oder so hart, daß Sie ihn nur mit der Breithacke brechen können, und daran läßt sich auch nicht viel ändern. Verkrümelter Kalk ist eine gute Hilfe, ebenso grobes Umgraben im Herbst, worauf der Winterfrost die Bodenschollen dann mürbe macht. Holzasche macht ihn leichter, und wenn Sie ein Schwelfeuer anlegen oder anlegen lassen können, welches, wenn es richtig gemacht worden ist, tagelang vor sich hinschwelt und einen nützlichen Haufen verbrannten Tons hinterläßt, wird Ihnen auch das weiterhelfen. Aber ehrlich gesagt, Ton ist wirklich eine Plage.

Als Trost wird uns gerne erzählt, daß Rosen Lehmboden lieben. Und das stimmt wirklich; meine Rosensträucher lebten lange bei bester Gesundheit. Natürlich haben wir ihnen durch Zugabe von Lauberde und Torf einen guten Start ermöglicht; es ist besser, diese Bodenmischung im Boden zu verteilen, als ein Loch zu graben und es damit zu füllen; ein solches Loch würde wie ein Eimer wirken, aus dem kein Wasser abfließen kann. Ich habe außerdem festgestellt, daß Flieder und Lupinen diesen Boden mögen. Ein weiterer Trost ist noch, daß die Farben stärker werden, aber ansonsten habe ich kaum einen guten Rat für Sie – außer dem, so schnell wie möglich umzuziehen.

Heute würde ich gern ein gutes Wort für die Lobelie einlegen, die manche Gärtner in Vororten und fast alle in den Städten lieben, während diejenigen unter uns, die sich ihres besseren Geschmacks rühmen, sie zumeist verachten. Die arme Lobelie hat unter ihrer herkömmlichen Verwendung und unter schlechter Gesellschaft entsetzlich und zu Unrecht leiden müssen. Schlechte Gesellschaft ist oft die schlimmste Feindin vieler Pflanzen. Wahrscheinlich ist jemand, der zum ersten Mal rosa Tulpen zwischen Vergißmeinnicht wachsen sah, in Freudenschreie ausgebrochen. Auch war früher vermutlich die edwardianische Kombination von Lobelien und Steinkraut ein Quell der Freude. Aber das ist jetzt nicht mehr so.

Dennoch: Machen Sie den Versuch, sich von Ihren Vorurteilen zu verabschieden, und tun Sie so, als hätten Sie noch nie eine Lobelie gesehen. Sie hat doch so ein schönes Blau, so schön wie Enzian, finden Sie nicht? Und sie wächst so kompakt, so dicht wie ein enggewebter Teppich, durch den Sie eine Stecknadel hindurchstecken können, aber keinen Finger. Wenn Sie sich über die Lobelie solche Gedanken machen, dann werden Sie sie sofort in einem anderen Licht sehen und ganz neue Möglichkeiten erkennen.

Denken Sie sich die Lobelie wie einen großartigen blauen Weiher. Denken Sie an Wellen und Wasser, denken Sie an das Mittelmeer, wenn es am schönsten ist; denken Sie an Weite und Ausdehnung, an Grafschaften und Amtsbezirke und Kirchspiele. Oder, wenn Sie nicht ganz so viel Platz haben, dann pflanzen Sie sie doch wenigstens in ziemlich großzügigen Mengen, nicht nur als Kante, und denken Sie an die Variante Cambridge Blue, die ihrem Namen wirklich alle Ehre macht.

Wenn Sie Lobelien als Einfassung wollen und wenn Sie sie unbedingt mit Steinkraut kombinieren wollen, dann versuchen Sie es mit den Steinkrautsorten Lilac Queen, Violet Queen und Royal Carpet statt mit den herkömmlichen weißen. Das Blau der Lobelien paßt wunderbar zu ihren Rosa- und Lilatönen. Und ich habe im letzten Jahr eine witzige und originelle Idee gesehen. Dunkelblau und Hellblau waren in Vierecken auf beiden Seiten eines schmalen Weges gepflanzt, der vom Gartentor zur Haustür führte. Es sah aus wie ein Stück Schachbrett, wie ein Oxford-und-Cambridge-Schachbrett.

Habe ich nun genug gesagt, um für die Lobelie eine freundlichere Behandlung zu erwirken? Sie ist eine so alte Freundin unserer Gärten, die vor zweihundert Jahren zu uns kam, 1752 schon, vom Kap der Guten Hoffnung. Ihr Name soll einen Botaniker ehren, der vor viel längerer Zeit hierzulande tätig war, Mathias de l'Obel, den Leibarzt König Jakobs I. Eine romantische Geschichte, so romantisch, finde ich, daß unsere Lobelien mit mehr Phantasie angepflanzt werden sollen, als wir gemeinhin für sie aufbringen.

In der Regel versuche ich, in diesen Artikeln praktisch zu sein und nur Pflanzen zu empfehlen, die dem Amateurgärtner, der nicht auf Glashäuser oder ähnlichen Luxus zurückgreifen kann, doch einige Hoffnung auf Erfolg verheißen. Aber dieses eine Mal möchte ich eine Kletterpflanze vorstellen, die vor Frost geschützt werden muß, auch wenn sie den ganzen Sommer über zufrieden in ihrem Topf im Freien stehen kann. Wer kein Gewächshaus hat, sollte sie im Winter in ein warmes

Zimmer holen. Das ist aber nur möglich, wenn Sie ihr Wachstum in vernünftigen Grenzen halten. Sie ist so hübsch, sie blüht fast ununterbrochen und sie duftet so wunderbar süß, daß sie diese ganze zusätzliche Mühe rechtfertigt.

Ihr Name ist *Jasminum polyanthum*, und wir haben sie erst kürzlich aus China bekommen, wo sie, glaube ich, von Major Lawrence Johnston entdeckt wurde, diesem großen Gärtner und Schöpfer des Gartens von Hidcote. Bisher ist sie hierzulande noch nicht sehr bekannt, weshalb sie billig zu haben ist, und da sie aus Ablegern leicht zu ziehen ist, können wir bei Bedarf in kurzer Zeit einen großen Vorrat anlegen. Sie ähnelt im Aussehen dem vertrauten weißen sommerblühenden Jasmin *J. officinale*, hat jedoch größere Blüten, einen zwanzigmal stärkeren Duft, und die rosigen, spitzen Knospen sehen zwischen den dunkelgrünen Blättern so reizend aus wie kleine Juwelen. Auf meinem Tisch steht ein achtzehn Zentimeter langer Zweig, der heute, an diesem Tag im Januar, zweiundzwanzig Knospen trägt, der Name *polyanthum*, was »mit vielen Blüten« bedeutet, ist also nicht übertrieben. Die Pflanze, von der der Zweig stammt, steht in einem unbeheizten Glasanbau, einige Blüten haben sich schon geöffnet, und das ist im Januar ein wirkliches Geschenk. Ich hoffe, ich habe genug gesagt, um Sie in Versuchung zu führen.

In milderen Gegenden kann diese Jasminart natürlich auch im Freien wachsen, ich habe in Major Sterns berühmtem Garten in Highdown bei Goring-on-Sea ein wunderbares Exemplar gesehen, das bis zum Giebel reichte. Es wird von der Mauer vor dem Nordwind geschützt, und die Meeresluft bedeutet weniger Frost. In Devon und Cornwall oder in geschützten Gegenden in Somerset, Dorset oder Wales müßte dieser

Jasmin üppig wachsen und große Höhen erreichen. Wie alle Wesen, die sich winden, gerät er immer wieder in wilde Verschlingungen, und alle Gärtner wissen aus bitterer Erfahrung, daß das zu viel totem Holz in der Mitte führt und nur schwer unter Kontrolle zu bringen ist. Am besten lösen wir diesen luftlosen, lichtlosen Dschungel auf, indem wir einige starke Triebe zur Seite lenken, fort vom Hauptstiel; sonst stehen wir vor der Aufgabe, mehrere Meilen von wüstverknotetem Garn zu entwirren.

Wer jetzt ein Interesse am chinesischen Jasmin entwikkelt hat, hört vielleicht auch gern vom südafrikanischen Jasmin *J. angulare*, der angeblich noch süßer duftet.

Zwei Tage nach Erscheinen dieses Artikels wird seine Autorin eine Schiffsreise nach Indonesien antreten. Eine seltsame Kombination von Umständen schickt mich auf die andere Seite des Erdballs. Ich weiß nicht, was mich dort erwarten wird. Freunde haben mir von Orchideenhecken erzählt, sie behaupten gar, ich könnte dort Orchideen pflücken, wie man Klee bei einem Spaziergang über eine englische Wiese pflückt.

Ich frage mich, ob ich das wirklich glauben soll und ob es mir überhaupt gefallen würde.

Es ist schon aufregend, sich in ein unbekanntes Klima wie die Tropen zu begeben. Was werden wir dort sehen oder finden oder entdecken? Werden wir neidisch soviel exotische Üppigkeit betrachten, Pflanzen, die in der Natur wachsen, statt in einem Gewächshaus zu stehen oder in einem Blumenladen ausgestellt zu werden? Ich habe immer die Pflanzenjäger bewundert, die unter Gefahr für Leib und Leben ferne Berge bezwingen, die mit einer aus zwei verknoteten Lianen bestehenden Brücke wilde Stromschnellen überqueren, die sich in Felsspalten hinablassen, um eine unerreichbare Pflanze zu untersuchen, die extreme Kälte oder Hitze, Dürre und Regen ertragen, die sich tagelang in Höhlen verstecken, um der Verfolgung durch wilde Banditen zu entgehen, die mit gebrochenem Bein auf einem schmalen Klippenpfad liegen, während eine Karawane aus fünfzig Mauleseln über ihren ausgestreckten Körper dahinschreitet, und die dennoch zwischen Löschblättern Pflanzen pressen und Samen und Zwiebeln sammeln, die sie schließlich auf irgendeine Weise nach Hause schaffen.

Diesen tapferen und entschlossenen Wesen verdanken wir so viele Schätze unserer Gärten, die wir für dermaßen selbstverständlich halten, daß wir sie ganz lässig aus einem Gärtnereikatalog bestellen. Wir geben eine Bestellung für eine geringe Summe auf und erhalten daraufhin ein adrett in Stroh verpacktes Bündel. Wie oft überlegen wir uns überhaupt dabei, was die Entdeckung dieser Pflanze irgendeinen furchtlosen Reisenden gekostet haben mag? Ich wüßte auch gern, wie vielen Amateurgärtnern überhaupt bewußt ist, daß noch heute mutige junge Botaniker zu ähnlichen Expeditionen aufbrechen und daß solche Expeditionen teilweise aus Mitteln finanziert werden, die Gartenliebhaber in der Hoffnung aufbringen, am Ende ihren Anteil an der Beute zu erhalten.

Ich werde sicher kein dermaßen romantisches oder ertragreiches Abenteuer erleben, und ich erzähle vor allem von meiner Reise, um mich bei allen Observer-Lesern zu entschuldigen, die mir vielleicht schreiben und zwei Monate auf eine

Antwort warten müssen. Ich versuche sonst immer, alle Briefe postwendend zu beantworten, aber wenn ich irgendwo in der Nähe des Südchinesischen Meeres unterwegs bin, ist das einfach nicht möglich.

Der Januar scheint nicht gerade die passende Jahreszeit zu sein, um an das Pflanzen von Zwiebeln zu denken, aber da manche Zwiebeln im März oder April in die Erde müssen, sollten wir sie jetzt bestellen. Ich möchte den Spaltgriffel empfehlen, dessen offizieller Name *Schizostylis coccinea* lautet, und seine hübsche rosa Variante *Mrs. Hegarty*. Beide sehen aus wie kleine Gladiolen und haben für uns den Vorteil, daß sie im Oktober und November blühen, wenn es nicht leicht ist, draußen noch Blumenschmuck für das Haus zu finden.

Ein Dutzend Spaltgriffel ist eine gute Investition, wenn Sie sie an der richtigen Stellen pflanzen und sich genügend um sie kümmern. Der richtige Ort ist ein leichter, gut entwässerter Boden, auf den der Sonnenschein voll auftrifft. Um sich genügend um die Spaltgriffel zu kümmern, müssen Sie sie während ihrer Wuchszeit, wenn die Blätter sich entfalten, sehr viel gießen, wie Sie es auch bei der Belladonnalilie machen würden. Sie müssen sich vor Augen halten, daß Spaltgriffel nur bedingt winterhart sind, in den meisten Teilen Englands überstehen sie den Winter aber einigermaßen unbeschadet; eine dünne Decke aus Farn oder trockenen Blättern im nächsten Winter kann für sie Jahre der Sicherheit bedeuten. Es ist ganz erstaunlich, wieviel ein wenig Farn für Zwiebeln ausmacht. Was mich betrifft, so stelle ich mir eine zugige Farndecke als wenig hilfreich für eine Frostnacht vor, mir wären ein dickes

Federbett oder Wolldecken und eine Wärmflasche lieber, aber tief in der Erde vergrabene Zwiebeln werden auch durch eine sehr dünne Schutzschicht zuverlässig vor Frost geschützt.

Eine weitere Zwiebel oder Knolle, die Sie jetzt bestellen und im März pflanzen sollten, ist *Tigridia*, die mexikanische Pfauenblume, ein auf wilde Weise schönes, exotisch aussehendes Geschöpf. Sie hat immer nur eine Blüte, und diese Blüte lebt nur einen Tag, aber sie ist wunderschön, und auf sie folgen Tag für Tag viele ebenso wunderschöne Blüten, so daß sich die Anschaffung von einem Dutzend gemischter Sorten wirklich bezahlt macht. Sie müssen an einer sonnigen Stelle stehen und sollten, wie Dahlien, im Winter herausgenommen und im Haus aufbewahrt werden.

In der Welt der Gärtnerei herrschen noch immer unterschiedliche Ansichten darüber, in welcher Jahreszeit Rosen beschnitten werden sollen. Die alte orthodoxe Theorie empfahl die zweite Märzhälfte oder Anfang April. Heute bevorzugen wir jedoch mehr und mehr den Winter. Ich will mich nicht als Expertin ausgeben, halten Sie sich also bitte nicht an meinen Rat, wenn Sie anderer Ansicht sind, aber für mich scheint der gesunde Menschenverstand nahezulegen, daß eine Pflanze beschnitten werden sollte, wenn sie gerade Winterschlaf hält, und nicht dann, wenn der Saft schon steigt und sie folglich aus der Wunde bluten wird.

Aber die Ansichten zu diesem Thema sind dermaßen unterschiedlich, daß ich es nur unter großen Vorbehalten aufgreife. In einer Hinsicht bin ich mir allerdings sicher: Es ist immer richtig, einen Strauch von totem Holz zu befreien.

Wieviel wirres Zeug finden wir am Fuß des alten Falschen Jasmins! Und wie viele unbrauchbare Zweige verunstalten den Flieder! Holen Sie Säge und Gartenschere, und schaffen sie Atemraum, vor allem in der Mitte. Lassen Sie Licht und Luft heran. Dieser Rat gilt ganz allgemein, denn es gibt keinen Strauch, der nicht davon profitieren würde. Natürlich haben wir schreckliche Angst, wir könnten aus versehen lebendiges Holz anschneiden oder zum falschen Zeitpunkt loslegen, aber selbst ganz unerfahrene Gärtner können gelassen den toten Abfall wegschneiden, den die Natur selber auch schon verworfen hat. Das gilt übrigens auch für die kleinen, schwächlichen Auswüchse, aus denen niemals etwas wird und die eigentlich durch ihre unergiebigen, aber zähen Überlebensversuche dem Zweig nur seine Kraft stehlen. Schneiden Sie alles weg. Schwächlinge müssen geopfert werden, das ist das harte Gesetz der Natur.

Amerikaner sind sicher viel nachbarschaftlicher veranlagt als wir, denn es macht ihnen nichts aus, beobachtet zu werden. Sie brauchen keinen privaten Bereich. Niemals legen sie Hecken an, um sich vor den Blicken der Vorübergehenden zu verstecken, sie setzen auch keine Hecke zwischen ihren und den Garten des Nachbarn. Alles ist offen. Hereinspaziert, hereinspaziert, scheinen sie herzlich einzuladen. Vielleicht sollten wir uns diesen demokratischen Geist zu eigen machen, aber ich glaube nicht, daß uns das je gelingen wird. Es widerspricht zu sehr unserer althergebrachten Vorstellung, daß unser eigenes Stück Boden, das unser Haus umgibt, daß unser Heim, sei es nun groß oder klein, für uns heilig ist. Was immer unsere amerikanischen Freunde auch machen werden, wir werden weiterhin Hecken pflanzen, um uns unsere Nachbarn vom Leibe zu halten.

Eine Bekannte ist noch einen Schritt weiter gegangen. Statt eine schnöde Hecke zu pflanzen, legt sie das an, was sie ein »Dickicht« nennt. Mir scheint das eine sehr gute Idee für alle zu sein, die ein Stück leeren Boden füllen möchten, zwischen dem eigenen Land und der Straße, zwischen dem eigenen und dem Garten des Nachbarn, oder ganz einfach ein Stück Boden, das mit blühenden Sträuchern und Bäumen vollgestopft werden soll, für die anderswo kein Platz ist. Ein Dickicht läßt sich überall anlegen, kann jegliche Form haben und aus allen Pflanzen bestehen, die Ihnen gerade gefallen. Wenn ich selber Platz für ein Dickicht hätte und damit rechnen könnte, es auch in zwanzig Jahren mit Vergnügen zu betrachten, dann wüßte ich, was ich zu tun hätte: Ich würde es anfangs viel zu dicht und übervoll anlegen, dann würde ich es nach und nach ausdünnen, während meine Bäume und Sträucher immer größer würden und sich gegenseitig verdrängten; ich würde alle wegnehmen, die mir weniger gut gefallen, und würde sie von Zeit zu Zeit durch etwas ersetzen, das ich schöner finde. Das wäre einer der vielen Vorteile eines Dickichts: Wir können immer wieder wegnehmen, hinzufügen und ändern. Und Spaß und Interesse und Abwechslung würden nie ein Ende nehmen.

Ich würde unter mein Dickicht Zwiebeln setzen, nicht nur die selbstverständlichen Osterglocken, sondern auch die vielen Lilien, die sich im Schutz der Sträucher, den Windbrechern, auf die viele Lilien angewiesen sind, eben wohl fühlen würden. Ein Dickicht bietet viele Möglichkeiten.

Ich wünschte, ich hätte eins. Aber ich kann immerhin anderen von dieser Idee erzählen.

Zwischenzeitlich habe ich mich mit Literatur zum Thema Rittersporn beschäftigt und darin neues Wissen gefunden, das mir in meiner Ignoranz bisher unbekannt war. In der Hoffnung, daß andere ebenso ignorant und ebenso interessiert sind, möchte ich einiges davon weiterreichen. Es geht um die Herkunft dieser wunderbaren Pflanze, um die Geheimnisse der Gartenhybriden, um Vermehrungsmöglichkeiten und um Pflegetips. Ich bin immer wieder fasziniert von der Herkunft unserer Gartenpflanzen. Es ist einfach eine romantische Vorstellung, daß unsere geliebten und verhätschelten Schätze einst wilde Wesen in irgendeinem abgelegenen Tal oder an einem Hang in Asien, Afrika oder Amerika waren. Nicht nur wilde Wesen, sondern sogar Unkraut …

Ich wußte, daß es überall auf der Welt Rittersporn gibt, doch mir war nicht klar, wie weit verbreitet er ist. Es gibt ihn überall zwischen Kalifornien und Tibet und China, er durchquert die Alpen und zieht dann weiter nach Rußland, Persien, Kaschmir und Sikkim, er wandert durch die Ausläufer des Himalaya und dann weiter nach Abessinien und Kenia. Was für eine Reise – wir müßten den halben Erdball umwandern, um ihm zu folgen, und könnten unterwegs überall wilden Rittersporn pflücken.

Diese wilden Ritterspornsorten, diese Eingeborenen fremder Länder, haben nur wenig Ähnlichkeit mit dem uns vertrauten Rittersporn. Die Entwicklung unserer Gartenhybride ist unbekannt und ungedeutet. Mr. Allen Langdon, dem ich mein Wissen verdanke, vertritt die Ansicht, daß eine zufällige Befruchtung zu den wunderschönen, hochaufragenden blauen Gewächsen geführt hat, die vom Verhältnis her so hoch sind, wie die Kathedrale von Salisbury sich in den englischen Sommerhimmel erhebt. Er hält die als *Delphinium elatum* bekannte Art für einen Elternteil. Eine andere Informationsquelle teilt mir mit, daß sich diese Art überall zwischen den Pyrenäen und der Mongolei finden läßt. Wie Mr. Langdon ganz richtig bemerkt – und wer wüßte es besser als er! –, hat das Fehlen eines Stammbaums die Aufgabe der modernen Hybridenzüchter nicht gerade erleichtert, und seine Behauptung, daß diese trotzdem »die allerschönste aller krautartigen Pflanzen« hervorgebracht haben, die eine »gewaltige Verbesserung bedeutet, da keine andere Sorte es auch nur im entferntesten mit der modernen Hybride aufnehmen kann«, ist sicherlich gerechtfertigt. Die anderen Arten sind seiner Ansicht nach wenig wert, sie sind unscheinbar und unattraktiv. Oder, um es ganz offen zu sagen, sie sind öde, magere Geschöpfe, was man der modernen Abart nun wirklich nicht nachsagen kann. Diese fällt auf, und ich glaube, ich werde in einem zukünftigen Artikel noch mehr darüber schreiben.

Bis dahin sollten Sie eine Handvoll sehr grober Asche über jede Krone streuen, zum Schutz gegen Raupen, und Sie sollten alle schwachen Triebe ausdünnen. Je weniger Triebe eine Wurzel hat, um so schöner wird Ihr blauer Rittersporn.

Die Zusammenstellung von Pflanzen gehört zu den faszinierendsten und unterhaltsamsten Nebenaspekten des Gärtnerns. Und vielleicht ist es gar nicht richtig, von Nebenaspekten zu sprechen, denn ebenso wie der Ehrgeiz eines Malers sprießt, erkennt er, wie wichtig dieses Element für die Vervollkommnung seines Bildes ist, und was ist denn letztlich ein Garten anderes, wenn nicht die Schöpfung eines Bildes oder einer Bilderserie? Das Schöne an diesem Aspekt des Gärtnerns ist, daß es sich jeglichem Maßstab anpassen läßt, sei dieser nun grandios oder winzig. Wir finden die großen Parks wie Bodnant, Sheffield Park oder Stourhead, die durch ihre Größe einen Teil der Landschaft bilden; und wir finden die winzigen Steingärten, in denen ein kleine, ausgefranste Federnelke zusammen mit einer Zwergprimel ein perfektes Kompositionselement sein kann.

Manchmal kommen wir bei Ferien im Ausland auf neue Ideen, wenn wir die einheimische Flora in ihrem natürlichen Rahmen erleben können. Alle, die je über hochgelegene Alpenwiesen gewandert sind, werden mir da zustimmen. Ich erinnere mich vor allem an diesem kalten Januarmorgen an einen duftenden Nadelwald in den Dolomiten, wo sich *Clematis alpina* durch einige verkümmerte Bäume hindurchgeschlängelt hatte und ihre bleichen lila Gesichter hoch über den Türkenbundlilien hängen ließ, die darunter im lockeren Boden wuchsen. Es war ein so natürliches Bild, so richtig, so angemessen, so passend. Ich dachte damals wie heute, daß man dieses Arrangement in einer Ecke des eigenen Gartens nachstellen sollte.

Ich stelle mir einen erhöhten Hang vor, am besten gestützt von einer flachen Mauer. Auf diesem Hang oder Sockel, der für gute Entwässerung sorgen würde, könnten Sie Rosmarin und Lavendel pflanzen. (Es gibt viele unterschiedliche Lavendel- und Rosmarinsorten, hohe, kurze, aufrechte, liegende, dunkelblühende, hellblühende, auf die ich besser in einem späteren Artikel noch einmal zurückkomme. Es ist ein weites und angenehmes Thema.) Wenn Sie oben auf Ihrem Sockel Rosmarin und Lavendel gepflanzt haben, könnten Sie *Clematis alpina* zwischen die Büsche setzen und horizontal dazwischen umherranken lassen. Sie könnten auch einige Zwiebeln der Türkenbundlilie *Lilium martagon* pflanzen, die sich im Schutz von Rosmarin und Lavendel wohl fühlt und eine der pflegeleichtesten Lilien überhaupt ist, eigentlich müßte sie Jahr um Jahr aufs neue zufrieden ihren Auftritt haben und sich noch vermehren; angeblich hat die Türkenbundlilie sich in einigen Gegenden unseres Landes häuslich niedergelassen, eine ermutigende Nachricht für alle unter uns, die Lilien schwierig und enttäuschend finden.

Es lohnt sich, über die Clematiswurzeln einen umgedrehten Firstziegel zu legen, damit ihre faserigen Wurzeln nicht brechen, wenn wir im Beet harken. Sie brechen so leicht, und mit so fatalen Folgen! Aber vergessen Sie nicht, daß Schnekken Schlupfwinkel wie umgedrehte Firstziegel lieben und außerdem gern die jungen Clematistriebe anknabbern, legen Sie also gleichzeitig ein wenig Schneckentod aus.

Ab und zu erhalte ich Briefe von Besitzern sehr kleiner Gärten, die um meinen Rat bitten. Diese Briefe stammen zumeist von wirklich engagierten Amateurgärtnern, sonst würden sie sich schließlich nicht die Mühe machen, mir zu schreiben. Darf ich aus einem typischen Brief zitieren?

»Unser Grundstück ist das übliche Rechteck von 15 mal 60 Metern, aber ich bin wild entschlossen, nicht den üblichen

Garten zu haben. Unser Haus liegt etwas über zwölf Meter von der Straße entfernt, vor dem Haus haben wir eine Art Taschentuch von Garten … Wir möchten einen Kamillenrasen anlegen, und ich träume auch von einer Lavendelhecke, außerdem wünschen wir uns ein oder zwei Bäume, aber nicht die übliche Vorortzierkirsche. Ich dachte schon an die Hängende Silberlinde *Tilia Petiolaris* …«

Das ist einwandfrei eine Gärtnerin nach meinem Herzen, wie es sie sicher überall im Land gibt. Ihr Raum ist begrenzt, ihre Phantasie dagegen nicht. Warum sollte überhaupt irgendwer in einem üblichen Rechteck den üblichen Garten anlegen? Es gibt endlose Variationsmöglichkeiten, und wir könnten endlose Mengen von Vorschlägen machen. Wenn ich plötzlich meinen Garten verlassen und in einen Bungalow in einer Neubausiedlung ziehen müßte, dann würde ich hemmungslos den Vorgarten zu einem wilden, unsystematischen Chaos werden lassen, das einem Cottage-Garten, diese auf ihre bescheidene und kleine Weise wahrscheinlich hübscheste Gartenform, die wir hierzulande je entwickelt haben, so ähnlich wie möglich wäre. Ich würde das Chaos nur mit besten Waren bepflanzen, und nur mit den besten Arten der besten Waren, womit ich meine, daß alles absolut auserlesen sein sollte. Wenn Sie nur wenig Platz haben, müssen Sie einfach so wählerisch vorgehen. Wenn ich also einen Rasen hätte, dann sollte er vom reinsten Grün sein; hätte ich Sträucher, dann nur ganz ausgesuchte, den feinsten Flieder und die allerbesten Säckelblumen; wenn ich für den Frühling Zwiebeln setzen würde, dann nur von den hübschesten, elegantesten Sorten, die zwischen Veilchenbüschen aus dem Boden lugen würden, Zwiebeln von Scilla und Chionodoxa, dem

Schneeglanz, und Muscari, der Traubenhyazinthe, Hundszahn und noch einige Kaiserkronen, aber immer die besten und ungewöhnlichsten Sorten; und wenn ich Ein- und Zweijährige in die Lücken setzen wollte, dann würde ich immer die besten nehmen, egal ob Stiefmütterchen oder Nelken.

Natürlich gibt es für jeden Garten ein eigenes Gesetz. So vieles hängt ab von Boden, Lage und dem Geschmack des Besitzers. Von seinem Geschmack hängt noch mehr ab als von seinem Geldbeutel. Und das ist doch eine tröstliche Überlegung am Ende dieses Artikels.

Über Kletterpflanzen habe ich schon öfter geschrieben, aber es gibt so viele, daß ich gar nicht alle erwähnen konnte. Ich möchte heute ein gutes Wort für die Passionsblume einlegen, *Passiflora caerulea*, die winterhart ist, obwohl viele das nicht wissen. Ihre Wurzeln liefern jedes Jahr neue Triebe, selbst wenn der Frost das Exemplar arg mitgenommen und ihm scheinbar jeglichen Lebenswillen geraubt hat. Ihre seltsam geformten Blüten sehen aus der Ferne nicht gerade umwerfend aus, aber aus der Nähe sind sie wunderbar, mit ihrem Strahlenkranz, der sie ihren Namen verdankt. Sie sollte vor einer warmen Wand stehen, obwohl ich fürchte, daß sie nicht einmal dann hierzulande ihre orangefarbenen Früchte produzieren würde.*

* Das muß ich zurücknehmen. Hier in der Umgebung, in Kent, produzieren diese Pflanzen in zwei Gärten eine wirkliche Fruchtfülle. Ich wußte nicht, um welche Pflanzen es sich handelte, bis ich

***

Berberidopsis corallina (Korallenstrauch) aus Chile, deren zweiter Name die Farbe ihrer Blüten beschreibt, hat den Vorzug, immergrün zu sein und keine Einsprüche gegen eine schattige Mauer zu erheben, wo ihre wunderschönen Rosetten in reichem Rot glühen. Ich finde, daß diese Farben, Orange, Korallenrot oder Rot, im Schatten noch überwältigender leuchten. *Berberidopsis* hat jedoch auch zwei Nachteile: Sie mag keinen kalkhaltigen Boden und ist nicht gerade für ihre Zähigkeit berühmt. Aber in einer geschützten Ecke müßte sie die meisten Winter doch überleben, vor allem im Süden oder Westen.

Es wird bisweilen behauptet, daß grüne Blumen keine große Begeisterung erregen, weil wir Blumen vor allem deswegen lieben, weil sie nicht grün sind. Wenn das stimmt, dann können wir unsere beiden einheimischen Nieswurzsorten vergessen. Aber das glaube ich nicht. Die grüne Rose, *R. viridiflora*, finde ich recht witzig, und ich habe mir immer ein Exemplar der grünen Primel gewünscht. Mir gefallen grüne Blüten, vor allem, wenn sie von einem hellen Apfelgrün sind, wie bei *Helleborus viridis*, der Grünen Nieswurz, oder bei *Helleborus foetidus*, gemeinhin auf wenig charmante Weise als Stinkender Nieswurz bekannt, den wir in Buchenwäldern oft in

mich dort erkundigt hatte. Seltsamerweise schauen beide Pflanzen nach Osten und bekommen zweifellos kaum Sonne ab.

Gesellschaft von Lorbeerseidelbast und Wolfsmilch finden. Ansonsten gefällt mir jede Pflanze, die mich im Januar oder Februar im Freien mit Blüten überrascht.

Vielleicht kann es durch Vorurteile verhärtete Herzen erweichen, wenn ich noch hinzufüge, daß *Helleborus* zur selben botanischen Familie gehört wie die Hahnenfußgewächse, die *Ranunculaceae*. Nur wenige Engländer – wir sind eben ein äußerst sentimentales Volk – können dem Charme der Butterblumen widerstehen, den gelbgesprenkelten Wiesen unserer Kindheit und dem Hahnenfuß (*R. lingua*) an den Ufern eines Baches.

Unsere beiden einheimischen Nieswurze kommen jetzt immer seltener vor, wenn Sie also das Glück haben, sie irgendwo in den South Downs in der Natur zu finden, graben Sie sie bitte nicht aus, sondern lassen sie sich aus einer Gärtnerei Samen oder Pflanzen kommen. Frische Samen sind sehr schnell zum Keimen zu bringen. Angeblich werden sie in der Natur von Ameisen verteilt; aber da wir uns nicht auf einen hilfsbereiten Ameisenhaufen verlassen können, sollten wir doch lieber eine Packung frischen Samen kaufen, ihn sofort in einer Keimschale aussäen und die Setzlinge später ganz normal auspflanzen.

Ich möchte nicht behaupten, daß unsere beiden Einheimischen so hübsch sind wie ihr korsischer Vetter *Helleborus corsicus*, der so stark und kräftig ist, daß seine Blätter allein schon von der architektonischen Qualität des Bärenklau sind, ganz zu schweigen von Schönheit und Wert der Blüten. Aber ich behaupte, daß unsere beiden Einheimischen es verdienen, in jegliche Nieswurzsammlung aufgenommen zu werden. Sie sind bescheiden und stellen kaum Ansprüche. Sie lassen sich

recht viel Schatten gefallen und haben nichts gegen Kalk, sie mögen ihn sogar, und das sollte doch alle ansprechen, in deren Gärten es schwierige Stellen gibt.

Machen Sie sich keine Sorgen, wenn *H. viridis* im Herbst abstirbt, er ist nicht tot, er ruht sich nur aus und wird wieder aufleben. *H. foetidus* dagegen ist immergrün.

Als die frühen Siedler sich in ihrem freiwilligen Exil in dem wilden und gefährlichen Territorium Nordamerikas niederließen, das ihren Nachkommen heute unter dem Namen Virginia bekannt ist, entdeckten sie in Dickicht und Unterholz eine Art Strauch, der sie an den aus England noch vertrauten, ganz normalen Haselbusch erinnerte. Sie schnitten die gegabelten Zweige ab und benutzten sie als Wünschelruten, wie sie das in der alten Heimat mit Haselnußzweigen gemacht hatten. Bei diesem Strauch handelte es sich um *Hamamelis virginiana* (Zaubernuß). Sie nannten ihn »Witch-hazel«, Hexenhasel, denn ein Zweig, der in der Hand zuckt, muß doch etwas mit Hexen und Zauber zu tun haben. Es ist ein hübscher Name, aber unsere heimischen Haselsträucher sind durchaus nicht mit *Hamamelis* verwandt, und so sehr wir im Frühling ihre Kätzchen und die Eichhörnchen im Herbst ihre Nüsse lieben, so dürfen wir uns durch diesen Namen doch nicht in die Irre führen lassen.

Die Zaubernußsorten, die jetzt in unseren Gärten stehen, sind denen, die die alten Siedler in Virginia gefunden haben, um vieles vorzuziehen. *Hamamelis virginiana* kann es wirklich nicht mit der chinesischen *Hamamelis mollis* oder der japanischen *Hamamelis japonica* aufnehmen. Beide haben nach dem Dreikönigstag ihre volle Schönheit erreicht. Es sind seltsam aussehende Pflanzen mit ihrem verkrümmten Wuchs und ihren verworrenen Blütenbändern. Man bedauert es immer, nicht mehr von einer Sorte gepflanzt zu haben, die uns gefällt. Grammatikalisch ist dieser Satz sicher nicht einwandfrei, aber es ist ein guter Gartenrat. Wenn ich zwanzig Jahre zurückgehen könnte, dann würde ich einen ganzen kleinen Hain aus diesen beiden Asiaten anlegen, und dann hätte ich jetzt viele hohe Sträucher zur Auswahl und brauchte nicht so geizig zu sein, wenn Freunde mich um einen Zweig bitten. Zaubernuß mag nicht gern geschnitten werden, was schade ist, denn in der Vase ist sie ideal, sie ist sehr langlebig, dekorativ und kann ein ganzes Zimmer zum Duften bringen. Aber sie bekommt nicht wie die meisten anderen blühenden Büsche nach dem Schneiden neue Blüten, beim Schneiden verderben Sie sich also die Aussichten auf die Blütenpracht des nächsten Jahres. Über solche Probleme steht in Büchern eigentlich niemals etwas. Wir müssen das alles aus eigener Erfahrung lernen.

Abgesehen von diesem Nachteil gibt es wirklich keinen pflegeleichteren Strauch. Er entwickelt sich vielleicht sehr langsam, aber er beginnt schon in recht jungem Alter zu blühen und akzeptiert jeglichen vernünftigen Boden, vor allem, wenn er lehmig ist. Er hat gern Sonnenlicht, damit sein Holz reifen kann, kann aber sogar kalte Ost- und Nordwinde hinnehmen, und seine Blüten sind außergewöhnlich frostresistent. An Wintermorgenden leuchtet das gekräuselte Gold unter seiner Reifdecke wie kristallisierte und kandierte Früchte. Wenn ich dann noch hinzufüge, daß die Blätter im Herbst quittengelb werden, dann habe ich vielleicht genug gesagt, um Sie zum Pflanzen dieses seltsam vernachlässigten Schatzes zu bewegen.

Vor kurzem habe ich versprochen, über Rosmarin und Lavendel zu schreiben. Es kam mir vor wie ein nettes, warmes, sommerliches Thema für einen Wintertag, an dem man kaum glauben mag, daß der Garten jemals wieder wie ein Garten aussehen wird.

Die meisten von uns haben einige Büsche dieser lieben, großmütterlichen Pflanzen. Manche Gärtner sind noch immer klug genug, um sie entlang eines Pfades als Hecken oder in Büscheln neben der Haustür zu pflanzen, wo sie dann beim Ein- und Ausgehen zulangen können. Eine witzige, aber recht unfreundliche Bemerkung einer Freundin, die selber eine fähige Gärtnerin ist, hätte mir fast das Vergnügen am aromatischen Rosmarinduft verdorben. Sie sagt, dieser Geruch erinnere sie an Desinfektionsmittel.

Das mag so sein, aber ich werde an meinen Türen weiterhin Rosmarin pflanzen.

Dann habe ich mir aber überlegt, daß es vielleicht Sorten gibt, die weniger verbreitet sind als der alte englische Lavendel, *Lavandula spica*, als der niederländische *Lavandula vera* oder der gemeine Rosmarin, *Rosmarinus officinalis.* Leider sind einige dieser Sorten nicht winterhart und müssen deshalb beschützt werden, aber alle sind sehr leicht von Ablegern zu ziehen, und deshalb können wir in einem Frühbeet oder unter einer Glocke eine Reservezucht anlegen. Der Schopflavendel, *L. stoechas*, ist ungewöhnlich und attraktiv, seine Blütenähre ist etwas kürzer und stacheliger als die der meisten anderen Lavendelsorten. Er wächst wild überall auf den steinigen Hügeln der Mittelmeerländer, in Spanien, Südfrankreich und Nordafrika. Die Hidcote genannte Lavendelsorte ist recht zäh und sehr schön, von tiefem, reichem Lila. Was den Rosmarin betrifft, so gibt es den korsischen (*R. angustifolius Corsicus*), sehr schön mit seinen fedrigen Blättern und seinen sehr hellblauen Blüten, nur ist er leider nicht sonderlich winterhart. Dann gibt es noch *Tuscan Blue*, der, wie Mr. Arnold-Forster, der ihn bei uns eingeführt hat, bemerkt, in der Toscana zu Hecken wächst, die durch ihr »Säckelblumenblau schon aus der Ferne zu erkennen sind«. Er schlägt vor, die langen Blütenähren zu kürzen, damit diese Sorte auch hierzulande zu schöner Blüte gelangt. Ich habe wunderschöne Exemplare in Cornwall gesehen, die, flach an einer Wand hochgeführt, eine Höhe von über drei Metern erreichten, und ich halte das für die sicherste Methode, ihr Gedeihen zu sichern, es sei denn, man lebt in einer eher milden Gegend. Diese Methode hat noch den Vorteil, daß Sie normale Netze, wie die, mit denen später im Jahr die Knospen von Obstbäumen geschützt werden, als Wind- und Frostbrecher aufspannen könnten. Der toskanische Rosmarin ist sehr steif und stattlich, ganz anders als sein weicher korsischer Vetter, seine dunkelgrünen Blätter sehen ein wenig aus wie Leder und machen ihn zu einer gutaussehenden Pflanze, selbst wenn er bei uns doch nicht so üppig blühen mag wie unter der Sonne Italiens.

Aus Prinzip empfehle ich eigentlich nichts, womit ich selber noch keine Erfahrungen sammeln konnte, aber in diesem Fall will ich es doch riskieren. Es geht um eine neue Art von Glokke, die nicht aus Glas besteht, sondern aus Plastik, federleicht und unzerbrechlich, solange wir keinen Felsbrocken darauf fallen lassen. Es gibt sie in verschiedenen Größen, eingefaßt von galvanisiertem Metall, mit vier Metallbeinchen, die wir in den Boden drücken können, damit sie fest und sicher steht, denn sonst müßten wir befürchten, daß ganze Glockenschwärme abheben und davonfliegen, blaß wie Zellophan, ein gespenstisches Geschwader unter einem windigen Mond.

Die Hersteller behaupten, diese Glocke ließe mehr Infrarotlicht durch als normales Glas, weshalb die Setzlinge von Blumen oder Gemüse rascher und besser wachsen. Das ist die herkömmliche und orthodoxe Verwendung solcher Glokken. Ich habe bisher noch nicht einmal etwas so Nützliches wie zum Beispiel einen frühen Kopf Salat mit einer solchen Glocke gezogen, aber immerhin habe ich versucht, damit empfindsame, frierende Geschöpfe zu schützen, die scharfen Wind viel mehr fürchten als einen ehrlichen Frost oder eine Schneedecke. Nach meiner Erfahrung verwandeln die kalten Nordostwinde Blätter in verschrumpelte braune Krüppel; wir würden unsere Pflanzen so gern in irgendeine Schutzhülle wickeln, wir benutzen Sackleinen, aber keine Pflanze möchte gern über längere Zeit licht- und luftlos unter Jute oder Sackleinen ersticken. Sie kann dann nicht atmen. Deshalb probiere ich jetzt aus, ob diese Glocken auch als Schutz gegen kalte Windstöße eingesetzt werden können. Aufgrund ihrer Maße lassen sie sich nur bei niedrigwachsenden Pflanzen verwenden (ich kann aber noch hinzufügen, daß das Plastikmaterial auch separat in Bögen von 8 x 18 cm erhältlich ist). Mein Garten sieht deshalb aus wie eine Armee von winzigen Rittern, die sich in ihren durchsichtigen Rüstungen zur Schlacht aufgestellt haben.

Ich hoffe, es klappt. Ich sehe keinen Grund, warum es nicht klappen sollte. Vor allem Setzlinge von bedingt winterharten Einjährigen müßten davon profitieren, vor allem Mitte Mai, in den gefährlichen Frostnächten. Im Gemüsegarten könnte eine Reihe solcher Glocken sich als unbezahlbar erweisen. Sie lassen sich leichter versetzen als Glasglocken, denn sie können unterwegs nicht zerbrechen und ihre Splitter überall auf dem Gartenweg verstreuen.

Plötzlich ging mir auf, daß ich in meiner Kolumne noch nie über Laubengänge geschrieben habe, und ich weiß auch nicht, ob Laubengänge hierzulande überhaupt so empfehlenswert sind. Sie tropfen. Und viel zu oft werden sie als Gerüst für die weniger wünschenswerten Arten von Kletterrosen benutzt, während ihre Eignung für interessantere Kletterer übersehen wird. Im Grunde machen sich alle blühenden Kletterer gut, wenn wir sie in einem Laubengang von unten betrachten, und außerdem können wir noch die vielen Sorten von Zierwein hinzufügen, sogar die winterharten, fruchttragenden Weinsorten. Was ist schließlich hübscher als eine Dolde kleiner grüner oder schwarzer Trauben, die an ihrem Spalier baumelt?

Auch wer sich ganz und gar auf Rosen beschränken will, hat die Auswahl unter sehr schönen und kräftigen Sorten. Dazu gehören auch alte Lieblinge: *Gloire de Dijon*, *Lady Hillingdon*, *Mme. Alfred Carrière*, *William Allen Richardson.* Es gibt aber auch noch lose, große, einfache oder halbgefüllte Blüher: *Allen Chandler*, leuchtendrot mit goldener Mitte, *Cupid*, von silbrigem Muschelrosa, *Emily Gray*, buttergelb mit glänzenden dunklen Blättern und rötlichen Stielen, und die bekannte *Mermaid*, eine späte Blüherin von zartem Gelb. Auch viele der beliebtesten Teehybriden sind als Kletterpflanzen erhältlich: *Crimson Glory*, *Etoile d'Hollande*, *Ophelia*, *Mme. Edouard Heriot*. Dann gibt es noch *Paul's Lemon Pillar*, eine der vollkommenst geformten Rosen, die ich überhaupt kenne, dazu von einer so speziellen Farbe, daß ich nicht weiß, ob ich sie

Elfenbein- oder Schwefel- oder Eisberggrün nennen soll. *Lawrence Johnstone*, einst auch bekannt als *Hidcote Yellow*, ist von einem sehr reichen Gelb. Wenn Sie eine Mischung aus Gelb und Rot wünschen, die ein sehr leuchtendes Orange ergibt, dann nehmen Sie *Réveil Dijonnais*, die große Ähnlichkeit mit der alten *Austrian Copper* hat. Und das ist kein Wunder, denn die gehört zu ihren Eltern, nur hat *Réveil Dijonnais* sehr viel größere Blüten. Doch wenn sie sich erst geöffnet hat, dann hat sie die leidige Angewohnheit, zu einem wirklich entsetzlichen, trüben Rosa zu verblassen.

Dies sind nur einige wenige Rosensorten, durch die ich meine alten Feindinnen *American Pillar* und *Dorothy Perkins* gern ablösen lassen würde.

Ist der Winterling zu bekannt, um überhaupt noch eine Erwähnung zu verdienen? Bestimmt nicht. Wir können gar nicht häufig genug an einen so lieben und frühen Bekannten erinnert werden. Hier in Kent fing er am 20. Januar an zu blühen; ich habe es in meinem Tagebuch notiert. Dann kam der Frost und verwandelte die Blüten in kleine kandierte Aprikosen, wie man sie früher zu Weihnachten geschenkt bekam. Sie glitzerten, sie funkelten im Frost. Dann verzog sich der Frost, und sie entfalteten an einem Februartag ihr volles, weiches Butterblumengelb, das uns sofort ein Frühlingsgefühl eingab, das Gefühl, das wir haben, wenn die erste schwache Sonnenwärme auf unsere bloßen Hände trifft.

Ich liege übrigens ganz richtig, wenn ich das lackierte Gelb des Winterlings mit dem unserer gemeinen Butterblume vergleiche, denn beide gehören zur selben botanischen Untergruppe der *Ranunculaceae*.

Der korrekte Name des Winterlings ist *Eranthis. Eranthis hyemalis* ist die am häufigsten auftretende Sorte, mit der wirklich alle zufrieden sein können. Billig ist sie auch, aber wenn Sie etwas noch Besseres wollen, dann bestellen Sie den teureren *E. tubergenii*. Ich halte das wirklich für einen lohnenden Versuch, wenngleich ich sehr zufrieden bin mit dem Goldflecken, den ich dem *hyemalis* verdanke (das bedeutet: winterlich). Dieser Winterling hat den großen Vorteil, daß er fast überall blüht, im Schatten oder in der Sonne, unter Bäumen oder auf freiem Feld, und daß er eine großzügige Ernte aus Senf-und-Kresse-ähnlichen, selbstsäenden Setzlingen produziert, die Sie ausgraben und verpflanzen können. Ältere Pflanzen sollten Sie stehen lassen, der Winterling ist eine sehr heimattreue Pflanze, die lieber an der Scholle haftet und erst nach einigen Jahren des Eingewöhnens ihr Bestes gibt. Werden Sie also nicht ungeduldig mit Ihrem Winterling. Lassen Sie ihm Zeit.

Es gibt viele kleine frühe Pflanzen, die sehr gut zu ihm passen; ich stelle mir eine Winterecke vor, die ich auch anlegen werde, voller kleiner Gesellen, die zur selben Zeit ihren Kindergeburtstag feiern: *Narcissus minimus* und *Narcissus nanus*; die leuchtendblauen Fingerhüte der frühesten Traubenhyazinthe *Muscari azureum*; den zarten Wildkrokus *tomasinianus*, der sich selber munter aussät und überall Dutzende von kleinen Thomassen hinterläßt ... aber jetzt muß ich aufhören.

Wie Misteln effektiv verbreitet werden, darüber habe ich bereits geschrieben. Es ist meistens die Misteldrossel, daher der Name, die die Samen in Rindenritzen einreibt. Aber es stimmt nicht, daß die Menschen mit ihren Kunstgriffen da nicht mithalten könnten. Der verstorbene Mr. E. A. Bowles hat mit seinem dreibändigen Werk *My Garden in Spring, Summer, Autumn and Winter* seine Erfahrungen in dieser Hinsicht ausführlich mitgeteilt.

Bewahren Sie Ihre Weihnachtsdekorationen auf, sagt er, oder noch besser, besorgen Sie sich im Februar oder März einige frische Beeren. Sie werden weniger welk und damit besser zum Keimen geeignet sein. Drücken Sie die Beere, bis sie platzt, und kleben Sie den Samen dann mit Hilfe des klebrigen Saftes auf die Unterseite eines gesunden jungen Zweiges. Machen Sie das mit so vielen Samen wie möglich, und versuchen Sie auch, sich mehr als eine Pflanze zu beschaffen, das ist wichtig für die Befruchtung; mit anderen Worten, ohne eine zweite Pflanze bekommen Sie auch keine Beeren. Die besten Wirtsbäume sind Apfel und Pappel, obwohl Mr. Bowles behauptet, auch bei Weißdorn erfolgreich besamt zu haben. Manchmal wird empfohlen, so sagt er, den Zweig anzuschneiden oder abzukratzen, ehe der Samen aufgetragen wird, aber er hält das für unnötig. Und, mehr noch, die besten Resultate hat er bei gesunden Zweigen mit glatter, sauberer Rinde erzielt.

Und danach müssen Sie offenbar sehr viel Geduld haben. Selbst wenn es zu einer Keimung gekommen ist, wird die junge Pflanze sich während ihrer ersten beiden Lebensjahre sehr still verhalten. In ihrem ersten April, also einige Monate nach dem Aussäen, sollte sie ein grünes Scheibchen oder einen »Finger« zeigen, und mehr können Sie bis zum nächsten Frühling dann nicht mehr von ihr erwarten. Dann sollten die ersten beiden Blätter erscheinen, die danach in Form einer »geometrischen Reihe« immer mehr werden, bis sie dann Ihren selbstgezogenen beerenbesetzten Zweig über Ihren Eßtisch hängen können.

Das klingt alles so überzeugend und machbar und ist bestimmt ein unterhaltsames Experiment für einen Amateur mit viel Muße und einem Obstgarten mit alten Apfelbäumen zum Üben. Und rein geschäftlich könnte es sich lohnen. Unsere Weihnachtsmisteln sind ziemlich teuer und werden, soviel ich weiß, in großen Mengen aus dem Ausland eingeführt. Reisende zwischen Calais und Paris haben sicher die dicken Klumpen gesehen, die wie Elsternnester die vielen vernachlässigt aussehenden Bäume an der nordfranzösischen Bahnlinie verdüstern. Vielleicht werden diese Bäume ganz bewußt vernachlässigt; vielleicht bringt diese Vernachlässigung auf unseren Märkten dann ihren Besitzern großen Profit.

Einjährige, die sich für sonnige Stellen eignen, sind zumeist so bekannt und verbreitet, daß es fast schon eine Beleidigung wäre, sie aufzuzählen. Es wäre Platzverschwendung, Sie an Pflanzen wie Klarkie, Steinkraut, Schleifenblume, Eschscholzia, Petunie oder sogar Nemesie zu erinnern, die zweifellos, was die Leuchtkraft der Farben angeht, Höchstleistungen erbringen. Jeder Gärtnereikatalog wird Ihre Erinnerung in Richtung des Selbstverständlichen lenken.

Es wäre deshalb wohl sinnvoller, wenn ich einige wenige vorstellte, die zwar ebenfalls pflegeleicht sind, die aber auf seltsam zurückhaltende Art jegliche Publicity scheuen. Ich erwähne immer wieder gern *Phacelia campanularia*, und ich bin immer wieder überrascht, wenn Besucher meines Gartens mich nach der auch Bienensaug genannten Pflanze fragen. Versuchen Sie es einmal. Säen Sie sie in vierzehntägigem Abstand von April an aus, legen Sie Schneckentod aus, vereinzeln Sie sie auf achtzehn Zentimeter Zwischenraum; und dann lassen Sie sich von dem schönen Blau überraschen. Dann gibt es die Südafrikaner: *Venidio-arctotis*, *Ursinia*, *Dimorphoteca*, das Kapkörbchen mit einer Farbskala von Gelb bis Orange, und wenn Sie noch mehr Orange für die Palette Ihrer Rabatte wünschen, dann greifen Sie zur Kosmea, dem Schmuckkörbchen *Cosmos Sunny Red*, dreißig Zentimeter hoch, mit fedrigen Blättern, sternenförmiger Blüte, langer Lebensdauer und in einem bunten Strauß so hübsch, daß sogar Mrs. Constance Fry zufrieden sein muß. Am Fuße dieser gelb bis orangefarbenen Geschöpfe könnten Sie einen großen Flecken *Limnanthes douglasii* säen, beliebt bei Bienen und in England bekannt unter dem aussagekräftigeren Namen »Verlorenes-Ei-Blume«. Ich hätte sie nicht so genannt, ich finde, sie sieht viel mehr aus wie Rührei mit gehackter Petersilie; »verlorenes Ei« erinnert an etwas viel Runderes und Zusammenhängenderes. Ich weiß, daß diese Einjährige sehr häufig empfohlen wird, aber alte Lieblinge geraten so leicht in Vergessenheit, daß eine Erinnerung doch angebracht sein kann.

Beim Überfliegen dessen, was ich bisher geschrieben habe, sehe ich, daß ich von einem »großen Flecken« schreibe. Ich bin sicher, daß das ein guter und vernünftiger Rat ist. Übertreiben ist immer besser, als knickrig zu sein. Massen sind effektiver als Einzelstücke.

Zum Abschluß. Haben Sie schon einmal *Moluccella laevis* gepflanzt? Sie wurden im Jahre 1570 aus Syrien in unser Land gebracht, vor fast vierhundert Jahren also, und sie scheinen ein wenig vernachlässigt worden zu sein, bis ihre Beliebtheit in jüngster Zeit zu neuer Blüte gelangt ist. Ich habe einen Versuch gemacht und war zuerst enttäuscht; doch je mehr sie sich entwickelte, um so deutlicher wurde, daß sie ihren anderen Namen, Muschelblume, wirklich verdient hat, und meine Enttäuschung schlug in innige Zuneigung um. Wir müssen Geduld mit ihr haben, sie braucht lange, ruhige Sommerwochen, bis sie dann endlich zeigt, was sie kann.

Ich hatte gehört, daß sie während des Winters als Schnittblume im Haus sehr lange überlebt, doch leider schlug die erbarmungslose Hacke zu, ehe ich einschreiten konnte, und meine Muschelblume wurde auf den Müllhaufen gekarrt.

Als meine Söhne noch sehr viel jünger waren, tadelten sie mich bisweilen so: »Wenn du das noch nicht gemacht hast, dann solltest du davon.« Diese wunderbar ungrammatikalische Aufforderung spukt mir seit dreißig Jahren im Kopf herum. Und macht mir noch immer zu schaffen. Wenn ich es noch nicht gemacht habe, dann sollte ich davon.

Ich hätte schon längst Samen bestellen müssen. Die Kataloge strömen nur so ins Haus und bieten verwirrende Mengen an Schätzen an. Angesichts so vieler Versuchungen wissen wir nicht mehr ein noch aus. Sollen wir Samen für winterharte Pflanzen bestellen, die zwei Jahre brauchen, ehe sich die Investition bezahlt macht? Sollen wir Einjährige bestellen, die im kommenden Sommer ihren kurzen Auftritt haben werden? Vielleicht sollte ich mich in diesem Artikel auf Einjährige beschränken, aber es gibt auch einen hervorragenden Winterharten, der wie ein Einjähriger behandelt werden sollte. Wenn wir ihn jetzt unter Glas aussäen, dann müßte er eigentlich von Juli bis Oktober blühen. Ich rede vom Rittersporn der Pacific-Serie. Dazu gehören blaue Sorten wie *Blue Jay* und *Summer Skies*, violette wie *King Arthur*, weiße wie *Galahad* und *Percival*. Es sind wunderbare Blumen, die im März oder April auch im Freien gesät werden können.

Die meisten Gärtner bleiben den üblichen Einjährigen ihrer Wahl treu, aber einige Vorschläge werden sicher trotzdem gern gehört. Es gibt eine ziemlich neue Wicke, die als dichter, kleiner, runder Ball ungefähr dreißig Zentimeter hoch wird; sie bietet sich an, um leere Stellen vorne in einer Rabatte zu füllen. Sie trägt den sentimentalen Namen *Little Sweetheart*. Dann gibt es *Cleome Pink Queen*, die Spinnenpflanze; Spinnenhasser brauchen aber nicht davor zurückzuschrecken, denn sie sieht eigentlich gar nicht so aus. Mit ihren neunzig Zentimetern empfiehlt sie sich als Lückenschließerin in der Mittelrabatte. Schließlich möchte ich noch den roten Bergspinat *Atriplex hortensis* erwähnen, ohne Blüten, aber durch seine dunklen Blätter sehr dekorativ, außerdem für Salate geeignet.

Wenn Sie etwas Auffälligeres wollen, vor allem in Hellblau, dann brauchen Sie *Cynoglossum amabile*. Mit dieser auch Hundszunge genannten Pflanze war ich im letzten Sommer dermaßen zufrieden, daß ich sie gern überall aussäen würde, damit sie in jeder Ecke hervorkommen kann, die ihr gerade paßt. Und dann gibt es noch diese enzianblaue Einjährige, die ich immer wieder gern empfehle, *Phacelia campanularia*.

Aber bitte, säen Sie sie zwischen April und Juni alle vierzehn Tage aus, das liefert Ihnen den ganzen Sommer über fortlaufend Farbe. Wie munter und leuchtend diese Einjährigen doch sind. Wie schade, daß ihr Leben so kurz bemessen ist, aber vielleicht macht ja gerade das ihren Charme aus; schnell gekommen, schnell gegangen, ein Auflodern von Schönheit, dann für sie der Tod, für uns jedoch ein neues Leben, denn wir können ihre Samen aussäen und sie damit wieder zum Leben erwecken.

Heute, in der traurigen Weisheit meiner alten Tage, passiert es mir nicht mehr oft, daß ich mich von Katalogbeschreibungen dazu verleiten lassen, etwas zu bestellen, von dem ich weiß, daß es fast mit Sicherheit eine Enttäuschung werden muß. Und doch erliege ich ab und zu noch einmal einer solchen Versuchung. Ich bereue das nicht. Wenn wir dazu nicht mehr in der Lage wären, dann hätten wir die vertrauensvollen Wiesen der Jugend verlassen und die skeptischen Wüsten des Alters erreicht, was traurig für jeden Gärtner wäre, denn Gärtnerei ist eine zutiefst hoffnungsvolle, optimistische Beschäftigung.

Meine unwiderstehliche Versuchung in diesem Fall war ein billiges Tütchen *Senicio maritima* var. *Diamond*. Verwechseln Sie diese Pflanze nicht mit der Aschenpflanze, dieser hübschen, schmetterlingshaften Topfblume, die jeder Besitzer eines kleinen, beheizten Gewächshauses im Winter vorweisen kann. *Senicio maritima* ist etwas ganz anderes. Es ist eine graublättrige Pflanze mit silbrigen, tief eingekerbten Blättern, die sich als Hintergrund für andere Pflanzen hervorragend macht. Die Variante Diamond wird als »von fast reinem Weiß« beschrieben. Kein Wunder, daß ich nicht widerstehen konnte! Wenn sie wirklich weißer ist als die verbreitetere *S. maritima*, dann muß sie wirklich wunderschön sein.*

Leider ist *S. maritima* nicht ganz winterhart. Sie kann milde Winter überstehen und schießt selbst dann wieder in die Höhe, wenn Wind und Regen sie zu Boden geworfen haben. Und wenn sie diesen Winter überlebt, dann hat sie wirklich jegliches Lob verdient. Da ihre Ableger sehr leicht Wurzeln schlagen, sollten wir für Notfälle immer einen Topf voll aufbewahren.

Ich bestellte auch ein Tütchen mit einer alten Freundin, *Euphorbia marginata*, einer winterharten einjährigen Wolfsmilch, die auch unter dem attraktiveren Namen Bergschnee bekannt ist. Sie wird ungefähr sechzig Zentimeter hoch; ihre langen, spitzen, blaßgrünen Blätter haben weiße Ränder, manche sind auch rein weiß, anstelle von Blüten gibt es weiße Deckblätter. Sie ist nicht nur sehr produktiv, sie hält auch für Monate vor. Zusammen mit der schaumigen *Gypsophila paniculata Bristol Fairy* tritt sie, vor dem Hintergrund einiger hoher krautartiger Pflanzen wie *Veronica spicata alba* (Ehrenpreis), dem großen weißen Rittersporn, dem hübschen Lilienschweif *Eremurus himalaicus*, vor weißen Gladiolen oder *Hyacinthus candicans* oder irgendeiner hohen weißen Lilie, in einem kühlen Sommerbild auf, das wir nicht verachten sollten.

* Diamond erwies sich dann als ziemliche Enttäuschung.

Einmal habe ich über blühende Bäume geschrieben, die an Drähten in Vorgärten wachsen, und dabei habe ich auch erwähnt, daß Heckenrosen entlang der Bürgersteige einer Dorfstraße wachsen könnten. Das heißt, es muß nicht unbedingt ein Dorf sein, eine kleine Stadt oder sogar ein Vorort oder eine Neubausiedlung bieten sich an, alles, wo eine Hecke benötigt wird, die den Vorgarten von der Straße abschirmt.

In einer hübschen, kleinen und alten Stadt in meiner Nähe hatte jemand genug Phantasie, um eine solche Hecke aus Kletterrosen anzulegen. Diese Hecke zieht sich an seinem gesamten Grundstück entlang, und in den Sommermonaten kommen Leute aus der ganzen Umgebung, um sie zu bewundern. Ich muß zugeben, sie bietet einen beeindruckenden Anblick; eine leuchtende Farbenpracht, einen langen, wütenden, verwirrenden Strich, als habe jemand einen Buntstift genommen und ein schmales grünes Dickicht mit dichten roten Blütenbüscheln bemalt. Eine hervorragende Idee, sehr effektiv, aber ach, wie grob! Ich kneife bei diesem Anblick die Augen zusammen, und danach weine ich. Es sind nicht nur die grellen Farben, die mir Tränen in die Augen treiben, sondern vor allem die Trauer darüber, daß eine so feine Idee nicht eleganter in die Tat umgesetzt worden ist.

Die Hecke besteht aus *American Pillar*, einer Rose, die zusammen mit *Dorothy Perkins* für immer aus unseren Gärten verbannt werden sollte. Ich weiß, dieser Angriff auf zwei beliebte Rosen wird mir allerlei Ärger eintragen, aber wer Gartenartikel schreibt, muß zu seiner Meinung stehen. Ich hasse, hasse, hasse *American Pillar* und ihre süßlich rosa Genossin *Perkins*. Was ich an ihrer Stelle pflanzen würde? Nun, es gibt *Goldfinch*, einen alten Kletterer, sehr lebhaft, sehr süß duftend, und wenn ich von süßem Duft rede, dann meine ich süßen Duft, denn ich versuche, in meinen Artikeln bei der Wahrheit zu bleiben und niemanden in die Irre zu führen. *Goldfinch* ist mein Liebling, mein Goldstück, mein Schatz; ein riesiges Rührei. Dann möchte ich noch *Félicité Perpétue* nennen, weiß, rosig angehaucht. Und *Mme. Plantier*, mit ihren weißen, größeren Blüten. Und *Albertine*, sehr stark mit einzelnen zartrosa Blüten, die aussehen wie in Tee getunkt. Und schließlich noch *François Juranville*, der auch in eine Teetasse gefallen zu sein scheint.

Eine Dame erzählt mir brieflich von einer scheußlichen Veranda und fragte, mit welchem immergrünen Kletterer sie zu tarnen sei? Am liebsten würde sie die Veranda während des ganzen Jahres verstecken. Sie ist sicher nicht die einzige mit einem ähnlichen Problem, weshalb einige Bemerkungen zum Thema wohl nicht fehl am Platze sind. Das Problem ist, daß neben Efeu nur wenige Kletterer immergrün sind; und diese wenigen sind zumeist nicht winterhart. Von den wirklich immergrünen Kletterern würde ich zwei Geißblattsorten empfehlen, *Lonicera giraldii* und *L. henryi*, eine von jeder Sorte, jede auf einer Seite der Veranda, müßten sehr bald so weit gewachsen sein, daß sie sich oben miteinander verschlingen. Aber das bringt uns nicht sehr viel weiter, wir müssen noch nach weiteren Möglichkeiten Ausschau halten.

Die finden wir vielleicht bei den hochwüchsigen Sträuchern, die als eine Art Puffer oder Seitenpfosten benutzt werden können; mit Hilfe von Draht können wir sie außerdem veranlassen, oben waagerecht über das Verandadach zu wachsen. Die Säckelblumen *Ceanothus rigidus* und *Ceanothus thyrsiflorus* fallen mir als erste ein, mit ihren dunkelgrünen Blättern und pulverblauen Blüten. Sie sind einigermaßen winterhart, können bis zu drei beziehungsweise zehn Metern hoch werden. Sie sehen jedoch nie so ordentlich aus wie Pflanzen, die beschnitten werden können, und deshalb denke ich auch noch an den Lorbeer *Laurus nobilis*. Sie wissen doch, wie manchmal alte Häuser auf dem Land eine Art tiefer, dichter Veranda aufweisen, wie aus Eibe oder Buchsbaum herausgeschnitzt, die der Haustür etwas Solides und Geheimnisvolles gibt, das vor allem vielleicht bei einem ganz neuen und vielleicht nicht besonders beeindruckenden Wohnhaus willkommen wäre? Es gibt keinen Grund, warum unser Lorbeer mit seinen aromatischen Blättern nicht zu einem ähnlichen Zweck benutzt werden könnte, nämlich die ungeliebte Veranda einzurahmen und zu verkleiden. Er wächst recht schnell und läßt sich in jegliche Form bringen. Innerhalb weniger Jahre müßte er die Haustür in eine schützende grüne Höhle gesteckt haben.

***

Wenn meine Briefschreiberin das alles zu düster findet, obwohl ich ja meine, daß ein wenig Düsterkeit einen Garten immens ziert, als Hintergrund für bunte Blumen nämlich, dann sollte sie zwei pappelähnliche Kirschen wie Wachtposten zu beiden Seiten der Veranda pflanzen. Sie sind zwar nicht immergrün, aber ihre reichen blaßrosa Blüten sind im Frühling eine wahre Wonne von Jugendlichkeit. *Prunus*

Amanogawa ist ihr Name, das bedeutet Himmlischer Fluß, wie die Japaner die Milchstraße nennen.

Darf ich allen beneidenswerten Lesern danken, die mir mitgeteilt haben, daß ihre Passionsblumen in ihren Gärten tatsächlich Früchte tragen? Diese Gärten liegen zumeist im Westen, das muß ich noch hinzufügen, aber immerhin kam auch ein triumphierender Brief aus Hampshire, das doch ein wenig weiter östlich gelegen ist.

Ich werde häufig gebeten, etwas über die *Saintpaulia* zu schreiben, allgemein bekannt als Usambaraveilchen, obwohl es botanisch nichts mit den Veilchen zu tun hat, sondern zu derselben Familie gehört wie die Gloxinie. Sie ist bestimmt eine der hübschesten kleinen Topfpflanzen, mit ihren veilchenähnlichen lilablauen Blüten, die sich zwischen den samtweichen Blättern zusammendrängen. Sie steht fast das ganze Jahr hindurch in Blüte, ach, wir können eigentlich nur Gutes über sie sagen, nur leider können die Züchter sich nicht darüber einigen, wie sie behandelt werden sollte.

Manche raten, die Pflanzen in den Schatten zu stellen, andere empfehlen fluoreszierende Beleuchtung. Manche gießen von oben, andere lassen das lieber. Manche isolieren sie, andere mischen sie mit anderen Pflanzen. Manchen gelten sie als ideale Hausgenossen, andere glauben, sie verlangten die Feuchtigkeit eines Gewächshauses. Ich glaube, es wäre schade, wenn wir uns von diesen widersprüchlichen Ratschlägen entmutigen ließen; wir sollten uns lieber auf die Punkte konzentrieren, in denen eine gewisse Übereinstimmung herrscht.

Es ist bestimmt erfolgversprechender, sie in einem Gewächshaus zu ziehen statt in einem normalen englischen Zimmer, in dem die Temperaturen ja doch sehr stark schwanken, sie mögen 13 ° bis 18 ° Grad. Sie ziehen feuchte Atmosphäre vor, aber ich muß auch zugeben, daß ich nicht begreife, wieso sie dann in den zentralbeheizten Wohnzimmern der USA gedeihen können, was einwandfrei der Fall ist, dort sind sie nämlich dermaßen in Mode gekommen, daß sich Usambaravereine gegründet haben, die eine ganze Literaturrichtung entwickeln. (Ich kann nur annehmen, daß die Amerikaner auf ihre ausgesprochen zivilisierte Weise eine Möglichkeit gefunden haben, um die Luft anzufeuchten.) Sie mögen Luftzug nicht und gehen ein, wenn sie sich erkälten. Sie lassen sich sehr leicht vermehren, entweder aus im März auf ein Gemisch aus Sand und Torf gesäten Samen oder durch Teilen der Knollen in mit einem Auge versehene Stücke. Machen Sie das im März, und setzen Sie sie dann in kleine Töpfe, die Sie mit je einem Teil Sand, Torf und Lehm gefüllt haben. Nehmen Sie keine zu großen Töpfe. Wie Alpenveilchen haben sie es gern ein wenig enger. Gießen Sie im Winter nur wenig, im Sommer dann großzügiger, und dann mögen Ihre Pflanzen auch ein wenig flüssigen Dünger. Gießen Sie nie zuviel, dann faulen sie; lassen Sie sie aber auch niemals austrocknen, sonst verwelken sie, und niemals darf sich auf den Blättern Wasser sammeln.

Der enorme Preis der Winteriris, *I. unguicularis* oder *I. stylosa*, hat in diesem Winter bereits allerlei Wehgeschrei hervorgerufen. Ich hatte aber nichts anderes erwartet. Im letzten Sommer hatten sie viel zu wenig Sonne. Und die Annahme scheint sich zu bestätigen, daß die Blätter im Juni fast ganz

zurückgeschnitten werden sollten, damit alle erreichbaren Sonnenstrahlen bis zur Wurzel durchdringen; ich nehme mir das auch immer vor, aber dann vergesse ich es.

Doch, mir ist bewußt, daß auch in dieser Hinsicht die Meinungen nicht immer übereinstimmen, aber es klingt doch sehr vernünftig. Es sieht dann auch ordentlicher aus – aber das ist wirklich kein Argument, das für den Gärtner, der für seine Pflanzen nur das Beste will, eine Rolle spielen sollte.

Diese hübsche, zarte kleine Gladiole *colvillei The Bride* hätte schon vor Weihnachten eingetopft werden sollen, aber es ist noch nicht zu spät. Wenn ich eine steinige, in der Sonne brütende Terrasse an der Riviera hätte, dann würde ich sie zu Hunderten setzen; statt dessen gebe ich mich mit einem Dutzend in zwei Töpfen unter Glas zufrieden. Ich weiß sehr gut, daß sie auch in England im Freien wächst, dann werden jeden Herbst die Knollen aus der Erde genommen, wie wir das auch bei anderen Gladiolen machen; aber ihre weiße Zartheit empfiehlt sie eher als Schnittblume, im Wettbewerb des Gartens würde sie untergehen.

Manche Gärtner vertreten die Theorie, daß Knollen nach dem ersten Jahr nicht mehr aufbewahrt werden sollten und daß es besser ist, sie jedes Jahr zu erneuern. Ich halte das für eine unnötig extravagante Idee. Die kleinen Auswüchse, die sich an der elterlichen Knolle einstellen, können weiterwachsen, bis sie im zweiten Jahr ihre Blütegröße erreicht haben. Natürlich bedeutet das, daß zunächst eine Saison übersprungen wird, aber wenn sie erst einmal ihren Rhythmus gefunden haben, ist der Nachschub gesichert. Ich habe festgestellt, daß dieses System sich auch auf *G. callianthus* anwenden läßt, eine weitere Gladiolenart, ebenso auf die kleinen sternförmigen Narzissen *watieri*, die auf andere Weise sehr schnell eingehen und außerdem im Laden ziemlich teuer sind. Sie sind übrigens ein wahrer Schatz für eine Schale im Haus oder in einem erhobenen Trog im Freien, wo wir sie mehr oder weniger auf Augenhöhe in aller Ruhe betrachten können.

Ein Schatz, der sich auf einem Regal im Winter unter Glas einfacher aufbewahren läßt, ist der Winterling. Ich grub im Garten ziemlich nervös einige Wurzelballen aus, als sie sich gerade auf ihre verhuschte Art beim ersten Schneefall durch den Boden drängen wollten, und versetzte sie mit einem fetten Erdklumpen in einige flache Schalen. Das scheint ihnen nichts ausgemacht zu haben, sie blühen wie kleine Sonnen, was an einem Wintermorgen einen fröhlichen Anblick bietet. Es ist ganz erstaunlich, wie frostresistent ihre weichen Blütenblätter sind. Das Gewächshaus ist nicht beheizt, und die Schalen sind hart gefroren, doch die goldenen Blütenblätter lassen sich davon nicht stören, und ich weiß, daß nach der Schneeschmelze ihre Verwandtschaft im Garten hemmungslos prangen wird, egal, wie kalt es sein mag, wenn sie ihre warme weiße Decke verloren haben.

Als ich über Einjährige als Lückenbüßer im Steingarten schrieb, fiel mir ein, daß viele Steingartenbesitzer sicher ihre alpinen Pflanzen selber vermehren oder durch Aussäen Abwechslung in ihre Sammlung bringen möchten.

Es gibt drei Hauptmethoden der Vermehrung: durch Teilung, durch Ableger und durch Samen. Teilung sollten Sie im Frühling vornehmen, wenn eine leistungsfähige Pflanze, die Sie ausgraben und vorsichtig zerlegen, vier bis sechs neue ergeben sollte; pflanzen Sie die neuen sehr fest ein, und lassen Sie es nicht an Wasser fehlen, bis sich ein neues Wurzelsystem gebildet hat. Schützen Sie sie außerdem vor zu starker Sonne. Ein umgestülpter Blumentopf ist da eine gute Hilfe.

Ableger sind um einiges komplizierter, selbst wenn Ihnen die Grundprinzipien vertraut sind, vor allem weil die Ableger der meisten Alpinen so winzig klein sind. Wer hat nicht voller Bewunderung die adretten Reihen im eingerahmten Beet des Züchters betrachtet und sich überlegt, daß diese Operation nur mit der Präzision von Juweliersfingern möglich ist!? Aber wenn Sie es doch versuchen wollen, dann besorgen Sie sich eine alte Holzkiste, nehmen Sie den Boden heraus und stellen Sie sie auf einen Untergrund aus sehr grober Asche oder Schlacke. Bedecken Sie diesen zur Entwässerung dienenden Boden mit ein oder zwei Fingerbreit feinerer Asche, und füllen Sie den Rahmen dann mit feinem, scharfem Sand, nicht mit Bausand, sondern damit, was Gärtner Silbersand oder gewaschenen Flußsand nennen. Drükken Sie die Oberfläche so fest und glatt zusammen wie nur möglich, bedecken Sie den Rahmen mit einer Glasscheibe, und ihr selbstgebautes Zuchtbeet ist einsatzbereit.

Einzelheiten, an die Sie denken sollten: Zwischen Glas und Ablegern muß noch genug Luft bleiben. Die Unterseite des Glases muß jeden Tag von Feuchtigkeit befreit werden, am besten sogar zweimal täglich, sonst tropft sie auf die Ableger, die dadurch verfaulen. Es geht schneller, das Glas umzudrehen, als es abzuwischen. Drücken Sie die Ableger immer sehr fest in ihr Sandbett; ein Ableger, der sich durch ein

Fingerschnippen lockert, sitzt nicht fest genug, wie viele angehende Gärtner zu ihrem Kummer erfahren mußten, wenn der Chef des Weges kam.

Jetzt hat mich meine Begeisterung für Ableger und ihre Vermehrung dermaßen mitgerissen, daß ich keinen Platz mehr habe, um über die Vermehrung von Alpinen durch Samen zu schreiben.

Neben anderen Samen für die Frühjahrssaat habe ich mir eine Tüte *Mimosa pudica* bestellt, die Sinnpflanze. Die meisten Menschen, auch einige Gärtner, nennen sie die »Sensible Pflanze«. Dieser Name sollte eigentlich der *Mimosa sensitiva* vorbehalten sein, die aber seltsamerweise weniger sensibel ist als *M. pudica*. Die Sinnpflanze ist so empfindsam und so geschämig, daß ein bloßes Antippen mit dem Finger oder einfach ein Anhauchen ausreicht, um sie augenblicklich zu einem Häufchen Elend in sich zusammensinken zu lassen. Wir pflanzen sie einfach nur, um den Kindern eine Freude zu machen. Ein normales Kind, wenn es nicht von unerträglicher Tugendhaftigkeit ist, ist schrecklich gern gemein zu anderen Geschöpfen, und hier finden die jungen Menschen einen harmlosen Auslauf für diesen Trieb. Entzückensschreie werden ausgestoßen und noch verstärkt durch das sadistische Vergnügen, es immer wieder tun zu können. »Laß uns mal nachsehen, ob sie sich schon wieder aufgerichtet hat.« Das hat sie vermutlich, denn sie scheint diese grausame Behandlung mit endloser Geduld über sich ergehen zu lassen.

Ich muß zugeben, daß ich sie gern in ihrer eigentlichen Heimat, dem tropischen Amerika, sehen würde, wo, wie ich gehört habe, weite, mit einem Miniaturwald bewachsene Flächen bei der ersten Brise in Ohnmacht fallen. Sie gilt zwar als winterhart, sollte aber hierzulande nur wie eine bedingt winterharte Pflanze behandelt werden. Das bedeutet, daß wir unsere Samen in einem Topf oder einer Schale unter Glas oder auf der Fensterbank in einem warmen Zimmer säen müssen. Im Spätsommer hat sich dann eine ziemlich hohe Pflanze von an die dreißig Zentimeter entwickelt, und dann können Sie feststellen, daß sie, wie die meisten empfindsamen Menschen, nicht nur empfindsam, sondern auch ziemlich ekelhaft sein kann. Sie bekommt lange, spitze Dornen, kann sich aber nicht von ihrer zitternden Angst befreien. Auf diese Weise ist sie nicht nur ein Vergnügen für die Kinder, sondern auch ein Symbol für viele unserer Freunde.

Wenn Sie sich für solche witzigen Pflanzen interessieren, dann kann ich Ihnen noch weitere vorschlagen. Zum Beispiel den Brennenden Busch *Dictamnus albus* oder Diptam, den Sie, vor allem an einem heißen Sommertag, zu einer blauen Flamme anzünden können, ohne ihm damit Schaden zuzufügen. Die Erklärung dieses scheinbaren Wunders ist, daß er ein flüchtiges Öl enthält, aber warum sollten Sie nach Erklärungen suchen, wenn Sie Ihre jungen Gäste so leicht unterhalten können?

In einem milden Jahr sollte die Winteriris, normalerweise *Iris stylosa* genannt, auch wenn *Iris unguicularis* korrekter wäre, im November zu blühen anfangen und dann bis März weitermachen. Es gibt diese Iris in einer Farbskala zwischen Lavendelblau und Tieflila (auch eine weiße Art gibt es), sie werden zwischen achtzehn und vierundzwanzig Zentimeter hoch.

Die Wurzelballen sollten unter eine Südwand gesetzt werden, wo sie viel Sonne bekommen, und sie lieben den sandigsten Boden, den man sich überhaupt nur vorstellen kann. Sie lieben alten Mörtelschutt, Kies, Asche, zerbrochene Ziegel; sie gedeihen bei einer Hungerdiät, mögen nicht verpflanzt oder auf andere Weise gestört werden, und Sie sollten sie pflükken, wenn sie noch aussehen wie eine Flagge, die sich fest um den Fahnenmast gewickelt hat. Später in Ihrem warmen Zimmer entfalten sie sich, und Sie können ihnen dabei zusehen.

Manchmal macht es Spaß, nicht an unsere gärtnerischen Pflichten zu denken, sondern an fremde Pflanzen, ob wir nun hoffen können, sie selber mit Erfolg zu ziehen, oder nicht. Ein nasser Januarabend scheint wie geschaffen dafür, sich in solche Träume zu vertiefen, und sofort füllte sich mein Zimmer (das sich bisher nur einiger bescheidener Zwiebeln in Schalen hatte rühmen können) mit Blumen der seltensten Farben, Formen und Beschaffenheit. Die ersten, die sich einstellten, auf wundersame Weise einfach aus der Luft herbeigezaubert, zeigten alle dieses besondere Blaugrün, daß wir an altem Kupfer, Pfauenfedern, Käferrücken oder im Meer an der Stelle sehen, wo seichtes und tiefes Wasser ineinander übergehen.

Zuerst sah ich eine schlanke Südafrikanerin, *Ixia viridiflora*, mit grünen, zu Kobaltblau changierenden Blüten mit einem lila Tupfer: Ich hatte sie früher einmal in einer sehr sandigen Schale in einem unbeheizten Gewächshaus gezogen und freute mich über unser Wiedersehen. Dann kam die winzige meergrüne Persische Iris, die nur neun Zentimeter hoch wird, die ich aus ihrer Wüstenheimat in Blüte stehend kenne, aber nie dazu überreden konnte, auch bei mir eine Blüte zu produzieren. Danach erschien *Delphinium macrocentrum*, eine Ostafrikanerin, die ich noch nie gesehen hatte, die es in ihrer Färbung aber angeblich mit der chilenischen *Puya alpestris* aufnehmen kann.

Und *Puya alpestris* kannte ich immerhin. Eine wild und wütend aussehende und sehr zurückhaltende Pflanze. Ich ging meiner in einem Topf gepflanzten *Puya* sieben Jahre lang um den Bart, ehe sie sich endlich zum Blühen herabließ. Danach entwickelte sie eine Blütenähre und überraschte alle mit ihren tückisch aussehenden, pfauenblauen Trompeten, ihren orangefarbenen Staubbeuteln und ihren seitlichen Ausläufern, auf denen offenbar Hummeln sich niederlassen sollten, um die Blüten zu befruchten.

Und hier sah ich sie nun wieder, in meinem Zimmer, diesmal in Begleitung der Hummeln, die leider gefehlt hatten, als sie nach den sieben Jahren endlich blühte. Inzwischen wimmelte es in meinem Zimmer nun schon von Vögeln wie von Blumen. Denn nun war auch *Strelitzia reginae* eingetroffen, in Begleitung der kleinen afrikanischen Paradiesvögel, die sich darauf niederlassen, um ihre Brustfedern mit Pollen zu bestreichen. Es kommt nur selten vor, daß Pflanzen die Befruchtung von Vögeln erledigen lassen und nicht von Insekten, aber hier hatte ich nun schon zwei Exemplare. *Strelitzia reginae* sieht selber auch ein wenig wie ein Vogel aus, sie ähnelt einem wilden, spitzen Vogel mit Kamm, der in einem orangenen Boot unter stacheligen blauen und orangefarbenen Segeln dahinschwimmt. Sie wurde zwar nach der Gemahlin Georgs III. Regina genannt, aber ich ziehe ihren anderen Namen vor: Paradiesvogelblume.

Dann gab es einen Wechsel zu eher unscheinbaren Pflanzen, in Form von alten Primeln, mit denen ich mir so große Mühe gegeben hatte, um sie in sorgfältig zusammengestellten Mischungen aus Lauberde und Lehm zum Blühen zu bringen. Und hier waren sie nun, sie blühten zufrieden zwischen den Bodenbrettern. *Jack-in-the-Green*, *Prince Silverwings*, *Galligaskins*, *Tortoiseshell*, *Cloth of Gold*; und als ich sie nun in einer Fülle vor mir sah, wie ich sie niemals zuvor zustande gebracht hatte, fiel mir ein, daß die gesamte Primelfamilie zur Geselligkeit neigt und die Einsamkeit der einzelnen, teuren Pflanze haßt. Sie kuscheln sich gern aneinander, ganz anders als die Flechten, die so wenig Gesellschaft verlangen, daß sie (zumindest in Südamerika) sogar in hoher Isolation auf Telegraphendrähten wachsen.

Die Eigenheiten der Pflanzen scheinen kein Ende zu finden, ob sie nun besondere Sitzgelegenheiten für ihre Besucher bereithalten oder sich zu Fleischfressern entwickeln wie die Kannenpflanzen. Warum wächst Wein in der nördlichen Hemisphäre von links nach rechts, will in der südlichen aber nur von rechts nach links wachsen? Warum findet sich die Mohnart *Macoumii* nur auf einer einzigen winzigen Insel in der Behringsee und sonst nirgends? Wie ist sie dort überhaupt hingelangt? In einem Zimmer, das inzwischen von Blüten der Phantasie wirklich überwuchert war, fallen solche Spekulationen leicht, und ich hatte gar keine Zeit mehr, um über das ebenso seltsame Verhalten der Menschen zu spekulieren.

Die Zimmerwände schmolzen dahin und machten einem Garten Platz, wie ihn die Kaiser von China einst genießen konnten, einem weiten Garten mit unterschiedlichen Landschaften, einem Garten, in dem alles gedieh und in dem die Schätze der Erde in Schönheit und Brüderlichkeit vereint waren. Aber dann fiel ein Holzscheit im Kamin um, eine Stimme sagte: »Hier ist BBC London, es folgen die Nachrichten«, und ich erwachte.

In einem Brief werde ich um »einige zusätzliche Tips für das Ziehen der Winteriris« gebeten. Ich halte das für eine gute Idee. Sie sind wirklich pflegeleichte Pflanzen, die sogar Mißhandlung überstehen, aber ein wenig zusätzliche Freundlichkeit und etwas Verständnis bringen bessere Ergebnisse. Das gilt ja für die meisten unter uns, für Pflanzen und für Menschen.

Freundlichkeit bedeutet, was die Winteriris angeht, sie hungern zu lassen. Gute Ernährung läßt sie Blätter entwikkeln, statt zu blühen. Am liebsten wächst sie in erbärmlich armem Boden, der vor allem aus altem Kalk, Mörtelschutt und sogar Kies besteht: In einer sandigen Mischung vor einer sonnigen Mauer, je sandiger und sonniger, desto besser. Um ihr ein Maximum an Sonne zu geben, damit sie im Sommer zur Reife gelangen kann, sollten Sie ihre Blätter im Mai oder zu Anfang Juni beschneiden und ihr so viel Sonne zukommen lassen, wie unser Klima überhaupt nur hergibt. Mehr können Sie nicht für sie tun, außer natürlich, sie vor Schnekken und Raupen zu beschützen. Das müssen Sie unbedingt tun, wenn Sie nicht wollen, daß diese Tiere, die so zufrieden in Blättern und Mauerritzen überwintern, die Blätter zernagen und zerfetzen. Jedes effektive Schneckenmittel erledigt diese Arbeit für Sie. Es ist vielleicht den Schnecken gegenüber nicht sehr freundlich, aber wir müssen unsere Prioritäten setzen.

Die Winteriris ist den meisten unter uns als *Iris stylosa* bekannt. Aber eigentlich sollte sie *Iris unguicularis* genannt werden, das ist ihr älterer botanischer Name, *unguiculus* bedeutet eine kleine, schmale Klaue. Aber sollten wir uns darüber wirklich den Kopf zerbrechen? Wir wollen lieber daran erinnern, daß sie ein Kind des steinigen Bodens von Algerien, Griechenland, Kreta, Syrien und Kleinasien ist und daß sie sich auf unserer Insel sehr bereitwillig einlebt, manchmal blüht sie noch vor Weihnachten, vor allem nach einem heißen, trockenen Sommer, und macht bei mildem Wetter bis in den März hinein weiter. Sie sollten die grasähnlichen Blätter jeden Tag nach Knospen absuchen und die verheißungsvolle Knospe wegnehmen, solange sie noch aussieht wie ein winziger, fest geschlossener Regenschirm. Bringen Sie sie ins Haus, und beobachten Sie sie unter einer Lampe. Wenn Sie geduldig genug warten, dann werden Sie miterleben, wie das Wunder geschieht.

Wenn Sie noch keine Iris im Garten haben, aber gerne welche hätten, dann pflanzen Sie sie im März oder April; zum Verpflanzen ist am besten der September geeignet. Sie mag nicht zerteilt und versetzt werden, und sorgen Sie dafür, daß sie nicht austrocknet und sich in aller Ruhe einleben kann. Danach wird sie Ihnen keine Probleme mehr machen.

Nicht allen ist bewußt, daß Mitte oder sogar Ende März noch immer die Möglichkeit besteht, im letzten Moment noch Bäume und Sträucher zu pflanzen, falls der Boden weder gefroren noch triefnaß ist. Wir dürfen mit einiger Berechtigung auf passende Wetterverhältnisse irgendwann zwischen jetzt und Mitte März hoffen, und ich möchte Sie daran erinnern, daß eine Schaufel Torf, die Sie ins Grabloch geben und über die faserigen Wurzeln verteilen, ehe Sie den Boden festtreten, von enormem Wert ist: Torf bewahrt Feuchtigkeit auf und ermöglicht die Entwicklung des Wurzelsystems, das jegliches Pflanzenleben nun einmal braucht. Die Empfehlung, beim Pflanzen Torf hinzuzugeben, bezieht sich nicht nur auf torfliebende Pflanzen wie Azaleen, Eucryphien, Rhododendren, Kalmien und sämtliche Heidekrautgewächse, sondern auch auf Pflanzen, bei denen Sie gar nicht damit rechnen, wie z. B. Rosen. Manche Pflanzen hassen Kalk, aber nur sehr wenige hassen Torf.

Auch eine Handvoll Knochenmehl ist immer hilfreich.

Diese Überlegungen über das Pflanzen im letzten Moment haben mich an einen kleinen, aufrechten Laubbaum erinnert, den ich bisher wohl noch nie erwähnt habe. Dieser ursprünglich aus Nordchina stammende Baum heißt *Xanthoceras sorbifolium* oder, und das ist doch um einiges einfacher, Gelbwurz. Sein aufrechter Wuchs empfiehlt ihn für kleine Gärten mit begrenztem Platz, im Mai bietet er mit seinen weißen Blütenähren, die geradewegs aus ihrem sanftgrünen Blütengrund herauswachsen, einen sehr hübschen Anblick. Er ist mit der Roßkastanie verwandt und durchaus winterhart, allerdings sollten die Blüten doch ein wenig vor spätem Frost geschützt werden; wenn Frost bevorsteht, können Sie die Blütendolden abpflücken, sie lassen sich auch im Haus zum Blühen bringen.

Wer Bekannte hat, die einen solchen Baum besitzen, wird

in der Nähe des Baumes sicher viele Setzlinge finden und einen oder zwei an sich bringen. Im Handel dagegen wird er nicht oft angeboten.

Der Märzenbecher *Leucojum vernum*, der Anfang des Monats angefangen hat zu blühen, sollte jetzt mit Nachbestellungen bedacht werden. Er gehört zu den Geschöpfen, in das Sie genaueren Einblick nehmen sollten, indem Sie seine weiße, grüngetupfte Glocke nach oben drehen, wie Sie das mit einem Kind machen würden, dem Sie einen Finger unters Kinn legen. Jedes Kind mit Selbstachtung wird sich gegen diese Behandlung wehren, der Märzbecher hat keine andere Wahl. Sehen Sie sich seine zarte Struktur und deren Maserung an, das ist immer die beste Methode, um die Schönheit der winzigen Hängeblüten zu erkennen. Nicht daß der Märzbecher im Garten nicht seine eigene kleine Wirkung entfalten würde. Er begleitet Schneeglöckchen und Eisenhut und ist damit an einem trüben Morgen, wenn jeder Vorbote und Prophet den Beginn des Frühlings ankündigt, ganz besonders willkommen.

Noch ein praktischer Hinweis: Pflanzen Sie die Zwiebeln früh, etwa Anfang September. Seien Sie nicht enttäuscht, wenn im ersten Jahr nicht viel passiert. Sie brauchen ein Jahr, um sich einzuleben; also dürfen Sie nach dem Einpflanzen nicht stören. Sie haben ein wenig Schatten gern, und deshalb können Sie mit ihnen eine schattige Ecke füllen, in der andere Zwiebeln vielleicht nicht gedeihen.

Um diese Jahreszeit machen viele sich Sorgen um ihre Töpfe mit Alpenveilchen, sie fragen sich, wie sie sie in den folgenden Monaten behandeln sollen. Ich nehme an, alle wissen, daß Alpenveilchen langsam austrocknen müssen und erst im Juli oder August wieder zum Leben erweckt werden dürfen, aber da ich mich vor kurzem mit einem Züchter unterhielt, dachte ich, ich könnte doch noch einige von seinen Tips weiterreichen.

Er riet mir, die Töpfe draußen an einer schattigen Stelle in ein Bett aus Torf oder Asche zu versenken, und zwar bis an die Kante. Auf diese Weise bleibt ihnen genau die richtige Menge an Feuchtigkeit, und wir brauchen in den Monaten, in denen die Knolle Ruhe haben will, nicht mehr zu gießen.

Er rät davon ab, eine Knolle länger als zwei oder drei Jahre zu behalten. Nach dieser Zeit verschlechtert sich die Qualität der Blüten, obwohl eine Knolle im zweiten Jahr mehr Blüten hervorbringt als im ersten. Mich würde es nicht stören, wenn die Blüten kleiner würden, ich finde wilde Monster von Blumen nämlich nicht weiter charmant, aber das ist eine Geschmacksfrage. Der erwähnte Züchter schlägt vor, im Juni Samen in Samenschachteln zu säen, was bedeutet, daß die kleinen Pflanzen in achtzehn Monaten groß genug zum Blühen sein werden: also rechtzeitig zum übernächsten Weihnachtsfest. Natürlich brauchen wir dafür ein beheiztes Gewächshaus, in dem sie überwintern können, und das haben schließlich die wenigsten. Ich glaube schon, daß Menschen mit ganz besonders grünen Daumen sie auch auf einer Fensterbank in einer immer warmen Küche ziehen könnten. Das wäre jedenfalls die billigste Methode, um sich einen dauerhaften Vorrat anzulegen.

Mein guter Freund, der Züchter, der, wie die meisten wahren Gärtner, nur zu gern sein Wissen weitergibt, hatte noch weitere beherzigenswerte Ratschläge auf Lager. Niemals, sagt er, sollten Sie ein vergilbendes Blatt abknipsen. Dabei kann es nämlich passieren, daß Sie ein Stück von der Knollenhaut einreißen und die Knolle dadurch verletzen. Schneiden Sie es mit dem Messer ab. Ziehen Sie nicht daran. Andererseits sollten Sie den Stiel senkrecht wegziehen, wenn Sie ihn von der Knolle lösen wollen. Das wußte ich alles schon, nur die Sache mit dem Blatt war mir neu. Wie wenig wir im Grunde wissen, und wieviel wir in einem zehnminütigen Gespräch mit einem Experten lernen können!

Mein guter Freund erzählte mir weiterhin, daß wir jetzt eine bestimmte süßduftende Alpenveilchenart züchten können. Wenn wir Duft und Farbe miteinander verbinden könnten, was hätten wir dann für eine wunderbare Topfblume! Er hat mir für den nächsten Juni Samen versprochen.

Aber obwohl er doch so ein weiser und erfahrener Züchter ist, konnte er eine Frage nicht beantworten. Warum gehen manche Alpenveilchentöpfe plötzlich ein, warum sehen sie nach zwei Tagen im Haus bereits jämmerlich elend aus, während andere Töpfe unter genau denselben Bedingungen wochenlang blühen und gedeihen? Er konnte meine Frage nicht beantworten. Er betrachtete seine riesige Kathedrale mit ihrem gläsernen Dach, in der Tausende von kerngesunden Alpenveilchen einen rosenroten, kirschroten, muschelrosa, orchideenlila, blutroten, jungfräulich weißen Teppich bildeten, und bedachte mich mit einem mitleidigen Lächeln.

Unlängst schrieb ich über witzige Pflanzen, mußte dann aber aus Platzgründen abrupt abbrechen. Ich wollte noch von der Wunderblume sprechen, *Mirabilis jalapa*, manchmal auch Four o'clock genannt, weil sie sich um die Teezeit öffnet und vor dem Frühstück wieder schließt. Es ist eine altmodische, krautartige Pflanze, die wir jetzt nur noch selten sehen, mit ihren bunten Farben, Gelb, Weiß, Rot oder Lila, manchmal gestreift oder gesprenkelt wie bestimmte Nelken. Diese sehr dekorative Pflanze läßt sich als bedingt winterharte Einjährige von im Frühling ausgesätem Samen ziehen, und wenn Sie die Wurzeln behalten wollen, müssen Sie sie im Herbst ausgraben, wie die der Dahlien. Es kommt mir aber leichter vor, sie jedes Jahr frisch aus Samen zu ziehen.

Dann gibt es noch die Gelenkblume *Physostegia virginiana*. Diese Pflanze trägt zu unserer Unterhaltung dadurch bei, daß ihre Blüten in jeder Position verharren, in der Sie sie um den Stengel wickeln. Mir ist das nie gelungen, bis mir eine schottische Freundin sagte, daß ich einfach nicht fest genug drücke. Wenn Sie genau hinschauen, dann sehen Sie eine Art kleiner Gelenke. Sie ist winterhart und ziemlich steif, sie wird an die sechzig Zentimeter lang und blüht netterweise im Spätsommer. Die Sorte, die in Gärtnereien normalerweise angeboten wird, heißt *vivid*, aber ich finde ihre Rosatönung nicht besonders angenehm. Wer meine Abneigung gegen ein Gemisch aus Rosa und Magenta teilt, sollte zur weißen *Summer Snow* greifen.

Die seltsamste Pflanze von allen ist vielleicht der Eidechsenschwanz, *Sauromatum venosum* syn *S. guttatum*. Dieser Name setzt sich zusammen aus *saurus*, Eidechse, und aus *guttatum*, fleckig oder gesprenkelt. Seine Blüte, die von der

Form her einer Gartenlilie ähnelt, ist auch wirklich gefleckt und gesprenkelt wie manche orientalischen Eidechsen, nur eben in anderen Farben. Der Eidechsenschwanz hüllt sich in ein dekadentes Gewand in Grün und Lila, mit lila Flekken auf dem bleichen Grün. Seine Färbung ist aber noch nicht das Seltsamste. Viel seltsamer ist die Art, in der er wächst. Sie legen die Wurzelknolle auf eine Untertasse, einfach so, plonk!, ohne Erde, ohne Wasser, und schon bald wird er keimen und nach wenigen Wochen mit dem Blühen anfangen.

Nach der Blüte setzen Sie die Wurzelknolle in eine ziemlich feuchte Gartenecke, wo sie während des Sommers ihre Blätter entwickelt. Im August oder September sollten Sie die Knolle aus der Erde nehmen, abtrocknen und wieder auf die Untertasse legen, wo sie dann ihr Kunststück noch einmal zeigt, Jahr für Jahr. Die erste Knolle ist nicht billig, aber Sie werden so viele Ableger bekommen, daß Sie sie ihren Nichten und Neffen zum Geburtstag schenken oder sogar Ihren eigenen Kindern auf die Fensterbank im Kinderzimmer stellen können.

Ein Brief aus Amerika erinnert mich daran, daß wir jetzt Samen bestellen sollten, wenn wir in diesem Sommer Zierkürbisse ziehen wollen. Zierkürbisse gibt es in allerlei Formen und Farben, von den großen orangefarbenen Kürbissen (*potirons*), die auf den Feldern Frankreichs einen so vertrauten Anblick bieten, bis zu den kleinen gestreiften weißgrünen, die nicht größer werden als ein Tennisball. Wir sollten sie behandeln wie den Eierkürbis; sie werden gepflückt, wenn sie reif sind, und dann leicht lackiert, damit sie im Haus den Winter überleben.

In North Carolina gibt es offenbar eine Kürbisgesellschaft. Unsere amerikanischen Freunde machen eben keine halben Sachen; und obwohl ihr Hang zu trickreichen Erfindungen unsere Fähigkeiten manchmal übertrifft, möchte ich doch einige ihrer Vorschläge weiterreichen, vielleicht hat ja jemand Zeit und Lust, sie in die Tat umzusetzen. Der längliche Pfeifenkürbis zum Beispiel kann ausgehöhlt und als Schöpflöffel verwendet werden. Die runden, mittelgroßen Sorten können ebenfalls ausgehöhlt und zu Schüsseln gemacht werden. Das ist eine nette Beschäftigung für einen Kranken – möglicherweise auch das, was der amerikanische Katalog als »Spaß für Eingesperrte« bezeichnet.

Das feinste Beispiel für die in North Carolina auftretende Findigkeit liefert eine Frau, die sich an der Ausstellung der Kürbisgesellschaft beteiligte. Sie hatte aus einem riesigen Kürbis eine Kutsche für Aschenbrödel gemacht, die von acht mausgroßen Zierkürbissen gezogen wurde. Was für eine hübsche Idee für die Herbstausstellungen unserer Frauenorganisationen!

Eine sehr, sehr liebe Nachbarin brachte mir in dieser Woche ein »tussie-mussie«. Das Wörterbuch definiert »tussie-mussie« oder »tuzzie-muzzie« als Blumenstrauß oder Angebinde und fügt gemeinerweise hinzu, dieses Wort sei veraltet. Ich weigere mich, es als veraltet zu betrachten. Es ist ein bezauberndes Wort, ich habe es immer benutzt und werde es auch weiterhin benutzen, egal, was das große Oxford Dictionary zu sagen hat. Und ich werde jetzt das tussie-mussie meiner Nachbarin zum Beispiel dafür nehmen, was Phantasie, Geschmack und Wissen selbst im Februar aus einem Garten herausholen können.

Meine Nachbarin mußte mit allerlei Schwierigkeiten fertig werden. Sie ist nicht mehr jung, sie hat ihr siebtes Jahrzehnt schon erreicht. Sie hat keine Haushaltshilfe. Ihr Garten ist windgebeutelt, der Boden ist starrer Weald-of-Kent-Lehm. (Nur wer je versucht hat, auf solchem Boden einen Garten anzulegen, weiß, was das bedeutet.) Ein Aushilfsgärtner von Zeit zu Zeit ist alles, worauf sie zurückgreifen kann. Sie macht fast die ganze Arbeit selbst. Aber sie hat es geschafft, einen Strauß zusammenzustellen, wie ich ihn jetzt beschreiben werde.

Der Strauß besteht aus mindestens fünf allesamt perfekt ausgesuchten, verschiedenen Blumen. Meine Nachbarin nimmt immer nur das Beste, und ich bin sicher, daß das eines der Geheimnisse der erfolgreichen Gärtnerin ist: Nehmen Sie das Beste von allen Sorten, die Sie pflanzen wollen. In ihrem Strauß fand ich deshalb rosa Veilchen von der Sorte, die *Cœur d'Alsace* genannt wird, die eine *Iris reticulata* war von der Sorte *Hercules*, die ein helleres Rot hat als das vertraute Lila und Gold. Die Traubenhyazinthen waren die kleinen blauen *azureum*, die früher blühen und hübscher sind als die spätere dunkelblaue Art. Der Krokus in ihrem Strauß war nicht von der üblichen gelben Sorte, sondern hatte außen braune Flecken; es könnte *C. susianus* oder *Moonlight* sein, ich habe vergessen, sie zu fragen. Die Anemone muß eine unternehmungslustige frühe *Anemone St. Bavo* sein, amethystfarbene Blütenblätter mit elektrisch blauer Mitte. Wie klug es doch ist, *Anemone St. Bavo* zu pflanzen und nicht die gröbere *Anemone St. Brigid.*

Die Moral dieses Artikels, falls ein Artikel überhaupt eine Moral haben darf, ist, daß wir viel erreichen, wenn wir es wirklich wollen. Ich bin in vielen Briefen gebeten worden: »Sagen Sie uns, was wir mit einem kleinen Garten machen können.« Das tussie-mussie meiner Nachbarin ist die Antwort. Sie pflanzt alle diese wunderschönen Blumen auf einer kleinen Grasfläche unter Apfelbäumen an und erzielt eine Art Juweleneffekt, ähnlich wie der Vordergrund auf Botticellis *Primavera.* Alle ihre Blumen sind klein und wunderschön und nicht schwieriger zu ziehen als ihre verbreiteteren Verwandten.

Eines Tages muß ich einen Artikel darüber schreiben, wie meine Nachbarin ihren Garten angelegt hat; und vielleicht auch darüber, was ihr in ihrem kleinen, unbeheizten Gewächshaus alles gelingt. Sie werden überrascht sein!

Der Mut mancher kleiner und scheinbar zarter Blumen überrascht mich immer wieder. Hier haben wir Menschen bei Frostwetter blaue Wangen und rote Nasen und sehen einfach entsetzlich aus, und da sind die kleinen Blumen, die tapfer und munter ganz unangefochten von Frost und Schnee in Blüte stehen. Der Winterling bohrt sich fröhlich durch den weißen Grund und hat überall auf seinem hellen, blanken Gesicht Schneeflecken kleben. Aber das tut seiner Januar-Februar-Schönheit keinen Abbruch, und seine selbstgesäten Sämlinge vermehren sich von Jahr zu Jahr.

Wir alle haben die Winteriris – und ich wünschte mir übrigens, ich fände einen Züchter, der ihre unterschiedlichen Sorten anbietet, da einige Wurzelknollen viel früher blühen als andere, sogar im November, während andere bis März warten. Außerdem gibt es auch bei den Farben große Unterschiede, sie reichen vom üblichen blassen Lavendelton bis zu einem wirklich schönen, reichen Lila. (Wenn wir William Robinson glauben wollen, dann handelt es sich bei dieser farbenprächtigen Variante um *speciosa*.) Ich nehme an, die Erklärung liegt in ihrer Herkunft, denn sie stammen durchaus nicht alle aus Algerien, es gibt sie auch in Griechenland, Kleinasien, Syrien und sogar ganz weit im Osten wie am Ufer des Schwarzen Meers. Ich möchte heute allerdings nicht über diese Iris schreiben, sondern über die viel weniger verbreitete *I. histrioides*, die meiner Ansicht nach *I. unguicularis* oder, wie die meisten sagen, *I. stylosa* vorzuziehen ist. *Histrioides* schenkt uns zwar keine verlängerte Blütezeit, sie blüht nur einmal, im Februar, und deshalb können wir uns nicht darauf freuen, viele Wochen lang davon pflücken zu können. Aber nachdem wir *stylosa* in dieser Hinsicht ihre Überlegenheit zugebilligt haben, können wir ansonsten nur noch Gutes über unsere strahlendblaue kleine Schauspielerin aus dem Norden Kleinasiens sagen. Sie blüht schon, noch ehe die Blätter sich entfaltet haben, und wenn sie es dann tun, sehen sie viel adretter aus als das, ehrlich gesagt, unansehnliche Chaos, das uns dazu veranlaßt, *stylosa* in eine versteckte Ecke zu verbannen.

Außerdem sind ihre Blütenblätter von strahlendem Kobaltblau, und sie sind ungeheuer wetterfest. Seit drei Wochen ist meine kleine Gruppe nun schon schutzlos Regen und Sturm und Kälte und Schnee ausgesetzt; jeden Tag rechne ich damit, sie verwüstet und zerfetzt vorzufinden, aber diese tapferen kleinen Geschöpfe – sie sind nur zwölf Zentimeter groß, auch wenn die Blüte vergleichsweise groß ist, größer noch als die ihrer Verwandten *I. reticulata* – lassen sich nicht umwerfen.

Wenn sie glücklich ist, an einer sonnigen Stelle mit etwas Kalk, dann sollte sie sich durch die Auswüchse an der elterlichen Zwiebel bald vermehren; und da *Iris histrioides* im Moment nicht sehr häufig angeboten wird, sollten Sie die Auswüchse aufbewahren und in Töpfen bis zur Blühreife weiterwachsen lassen, das dauert ein oder zwei Jahre. Diese Art der Gärtnerei braucht Zeit und Liebe, das weiß ich, aber wie groß sind dann doch Befriedigung und Belohnung!

REGISTER DER PFLANZEN

ABBILDUNGSVERZEICHNIS